우리 아이 언어발달

아기발달전문가 김수연 박사의 영유아기 언어발달 노하우

우리 아이 언어발달

| 김수연 지음 |

삼인

"영유아기에는 언어표현력보다 언어이해력이 중요합니다."

몇 해 전에 책을 만들면서 '영유아기 언어발달의 핵심은 아이가 얼마나 말을 잘하는가가 아니고 상대방의 말을 얼마나 잘 이해하는지에 있다'라는 메시지가 독자들에게 잘 전달되었으면 좋겠다는 바람을 가지고 있었습니다. 그동안 많은 분들이 책의 내용에 공감해 주셔서 어느덧 개정 3판을 만들게 되었습니다.

그동안 책 출간과 강연, 상담을 통해서 영유아기 언어이해력의 중요성을 전달해 왔지만, 여전히 우리 사회는 아이가 얼마나 말이 빨리 트이는가에 초점을 맞추고 있는 것 같아 안타까운 마음입니다. 더욱 안타까운 것은 아이에게 말을 길게, 자주 해주면 아이의 언어 능력이 향상될 것이라는 믿음으로 아이가 부모의 말을 이해하는지 확인도 하지 않고 무조건 말만 많이 하는 육아법의 확산입니다. 아직 말verbal과 소리sound의 차이를 분별하지 못하는 아이에게 긴 문장으로 하는 말은 '뚜뚜뚜뚜'하는 소리로 들릴 뿐입니다. 마치 한국말을 하지 못하는 외국인에게 친절하게 말해도 외국인에게는 의미를 알 수 없는 소리로 들리는 것과 같습니다.

아직 언어를 이해하지 못하는 아이는 우리에게 표정과 몸짓, 소리의 변화로 말을 걸어옵니다. 따라서 부모도 표정과 목소리 톤의 변화를 주어 아이와 소통해야 합니다. 내가 이해할 수 있게 말을 해준다고 느껴질 때 상대방에게 집중하고 적극적으로 소통하려는 동기가 생기게 됩니다. 그래서 영유아기에는 아이가 이해할 수 있는 방식으로 말을 해주어야 합니다. 이 책은 발달기별로 아이가 우리에게 어떤 방식으로 말을 걸어오는지 그래서 부모는 아이에게 어떻게 응대하고 말을 걸어야 하는지를 설명하고 있습니다. 이를 통해 부모는 아이와의 원활한 소통을, 아이는 부모가 전하려는 메시지에 집중하는 힘을 키우게 됩니다.

이번 개정 3판에서는 표정과 몸짓으로 표현되는 아이의 메시지를 쉽게 이해할 수 있도록 그림과 설명을 추가하였습니다. 아이의 언어발달 수준을 평가하는 〈K-DST 언어영역 검사〉의 활용 가이드를 이해하기 쉽게 구성하였고, 집에서 직접 아이의 언어이해력을 평가하고 언어자극 놀이를 지도할 수 있도록 별책부록을 준비하였습니다. 특히 개정 3판에서는 아이의 언어이해력 평가 시기를 조금 앞당겨서 내용을 보강하였습니다. 시기를 조금 앞당긴 이유는 아이가 평가 문항의 내용을 충분히 이해하지 못하더라도 2주 정도 앞서 평가 문항을 중심으로 지도해서 아이의 언어이해력을 발달 시기에 맞게 향상시키기 위해서입니다.

이 책을 통해서 영유아기 언어발달의 핵심이 '말하기'가 아니라 '말을 이해하는 능력'이라는 것을 이해한다면 '말이 빨리 트여야 똑똑하다'라는 편견에서 시작된 다양한 육아 정보의 혼란에서 벗어나 육아의 중심을 잡을 수 있을 것입니다. 그리고 소중한 내 아이를 남의 말은 듣지 않고 내 말만 하는 사람이 아닌 상대방이 전하려는 메시지를 이해하고 서로 소통하려고 노력하는 사람으로 키워줄 것입니다.

신촌 연구실에서

김수연

○ ○ ○ **차례** ○ ○

CHAPTER 1

말걸기 육아의 이해

아기는
우리에게 어떻게 말을 걸어올까요?

CHAPTER 2

출생에서 생후 2개월까지

세상은
아기를 이해해 주는 곳이라는 걸 알려주기

CHAPTER 3

생후 3개월에서 5개월까지
아기에게
표정과 말투로 말걸기

CHAPTER 4

생후 6개월에서 14개월까지

말로 말걸기의 시작

CHAPTER 5

생후 15개월에서 24개월까지

말로 말하되
짧은 문장으로 말하기

CHAPTER 6

생후 25개월에서 35개월까지

문장으로
천천히 말하기

CHAPTER 7

생후 36개월에서 60개월까지

아이와
말로 대화하기

CHAPTER 8

우리 아이 말 트이기

말이 안 트이는 우리 아이,
어떻게 해줘야 하나요?

일러두기

이 책에서는 출생부터 생후 24개월까지의 아이는 '아기'로, 언어이해력이
향상되어 문장으로 소통이 가능한 생후 25개월부터의 아이는 '아이'로
표기하였습니다.
아이의 나이 계산은 아래의 기준을 참고해 주세요

아이 나이 계산하기
(한 달은 30일로 계산하세요!)

예1

오늘날짜	2025년 9월 1일
— 생년월일	2024년 12월 21일

생리적인 나이 = **8개월 10일**
  ↳ 8개월로 평가한다.

예2

오늘날짜	2025년 6월 7일
— 생년월일	2023년 8월 4일

생리적인 나이 = **1년 9개월 23일**
  ↳ 22개월로 평가한다.

이 계산법으로 계산된 아이의 생리적인 나이는 아래의 기준으로 평가합니다.

14개월 16일 ~ 15개월 15일	15개월
23개월 16일 ~ 24개월 15일	24개월
36개월 16일 ~ 37개월 15일	37개월
47개월 16일 ~ 48개월 15일	48개월

★ 생후 24개월까지는 아기의 나이를 정확히 계산해서 책의 내용을 참고해 주세요.

CHAPTER

1

말걸기 육아의 이해

아기는 우리에게
어떻게 말을 걸어올까요?

> "
>
> 말 못 하는 아기도
> 우리에게 말을 걸어오고 있어요.
> 엄마도 같이 말을 걸어주세요.
>
> "

"도대체 왜 이러는지 모르겠어요! 말을 좀 해줬으면 좋겠어요"

처음 아기를 키우는 초보 부모들은 이런 이야기를 자주 합니다. 대부분의 시간을 말로 말하면서 소통하는 어른들에게는 아직 말로 말하지 못하는 아기와의 소통이 너무나 힘들게 느껴질 수 있습니다. 말로 의사소통을 하는 직업을 가진 양육자일수록 말로 말하지 못하는 아기와의 상호작용은 더욱 힘들게 느껴집니다.

말한다는 것은
말로만 말하는 것일까요?

'말'은 상호작용과 소통을 위해서 필요합니다. 하지만 상호작용과 소통의 많은 부분은 말 외에도 얼굴 표정과 목소리의 톤, 손짓, 눈빛의 움직임을 통해서 이루어집니다. 우리 어른들도 상대방에게 관심이 있으면 눈이 커지고 몸이 상대방 쪽으로 다가가게 되지요. 상대방의 말을 듣기 싫으면 눈이 다른 곳을 바라보고 고개가 돌아가면서 결국 몸을 돌리게 됩니다. 심한 경우에는 자리에서 벗어나 화장실로 도망가 버리기도 합니다.

사람과의 관계에 능한 사람들은 상대방의 눈동자가 어디를 바라보는지, 상대방의 고개가 얼마나 옆으로 기울어져 있는지, 상대방의 어깨가 문을 향해서 얼마나 기울어져 있는지 등의 작은 행동에도 매우 민감합니다. 상대방이 말로는 '네네' 하고 있어도 내 이야기를 듣기 싫어서 자리를 뜨고 싶다는 신호를 표현하면 그 마음을 금방 알아차립니다.

어른들도 눈빛과 얼굴 표정 등의 작은 변화로 마음을 나타내듯이 아직 말이 트이지 않은 아기들도 그러합니다. 고개를 돌리는 것, 입을 앙 다무는 것, 입꼬리를 올리고 내리는 등의 작은 표정 변화, 스트레스 상황에서 손을 배에 대거나 양손과 양팔을 벌리는 등의 움직임으로 우리에게 메시지를 전달하고 있습니다. 따라서 우리는 아기가 전달하는 작은 신호를 아기가 우리에게 말을 걸어오고 있다는 의미로 이해하고 그 신호의 뜻을 빨리 파악해야 아기와 상호작용을 원활하게 할 수 있습니다.

말 못 하는 아기를 상대로 '제발 말 좀 해봐. 원하는 것이 뭐야?'라는 마음을 가지고는 소통하기 어렵습니다. 이 책에서는 아기와의 소통을 위해서 다양한 방식으로 아기가 우리에게 걸어오는 '말'을 어떻게 이해해야 할지에 대해서 설명하고 있습니다. 또한 아직 말로 표현하는 것을 이해하기 힘든 아기에게 우리가 어떻게 말을 걸어야 할지에 대해 이야기하고 있습니다.

말을 이해하지 못하는 아기에게 친절한 목소리로 길게 설명하기보다는, 양육자의 마음과 의도를 전하기 위해 어떻게 얼굴 표정을 짓고 어떤 목소리 톤을 내야 하는지에 대한 가이드를 주고자 합니다. 따라서 이 책에서 말하는 '말걸기'는 말로 하는 말은 물론 얼굴 표정과 몸짓으로 하는 말을 모두 포함하고 있습니다.

2
아기의 말걸기

아직 말로 말을 하지 못하지만 아기는 매일 자기 마음을 전하고 싶어합니다
모든 아기는 자기 마음을 양육자에게 다양한 방식으로 표현합니다. 하지만 타고난 기질에 따라 어떤 아기는 양육자가 이해하기 쉽게 표현하고 어떤 아기는 자신이 원하는 것이 무엇인지 파악하기 어렵게 표현하기도 합니다. 아기는 타고난 기질에 따라서 순한 아기 Easy Baby와 까탈스러운 아기 Difficult Baby로 나뉩니다.

▲ 원하는 것을 손으로 가리키는 아기

▲ 원하는 것을 확실하게 표현하지 않는 아기

순한 아기 Easy Baby의 말걸기 특성

양육자가 이해하기 쉬운 얼굴 표정과 몸짓으로 말을 걸어오는 아기를 순한 아기 **Easy Baby** 라고 합니다. 순한 기질의 아기는 아기의 마음이 얼굴 표정이나 몸짓으로 잘 표현됩니다. 무언가 싫을 때도 크게 화를 내기보다는 고개를 옆으로 돌린다거나 눈을 옆으로 피하는 행동으로 싫다는 표현을 하게 됩니다. 아기의 얼굴 표정과 몸짓으로 아기의 마음을 쉽게 읽을 수 있기 때문에 초보 부모도 아기와 상호작용하기가 쉬운 편입니다.

포인팅	원하는 것이 있을 때 팔을 뻗거나 손가락으로 가리켜서 양육자의 이해를 돕는다.
눈 맞춤	사람에게 긍정적인 감정을 느낄 때 적극적으로 눈 맞춤을 시도한다.
표정 변화	얼굴의 작은 근육의 움직임으로 아기의 기분이 잘 표현된다.
몸짓	좋을 때는 다가오는 행동으로 표현하고, 싫을 때는 고개를 돌리거나 눈빛을 피하는 행동으로 표현한다.

▲ 싫을 때 고개를 돌리는 아기

▲ 적극적으로 눈 맞춤을 하는 아기

까탈스러운 아기 Difficult Baby의 말걸기 특성

양육자가 이해하기 힘들거나 오해할 수 있는 태도로 말을 걸어오는 아기를 까탈스러운 아기 Difficult Baby라고 말합니다. 까탈스러운 아기들은 양육자와 적극적으로 눈을 맞추지 않고 작은 스트레스에 쉽게 화를 내기도 합니다. 얼굴에 표정 변화가 크지 않으므로 양육자가 아기의 마음을 읽기가 매우 어렵습니다. 아기가 심한 운동장애가 있다면 양육자가 밥을 먹일 때 이유식을 담은 수저를 아기 얼굴 쪽으로 내밀면 이유식을 먹고 싶은 아기의 마음과 달리 아기의 턱은 옆으로 돌아가게 됩니다. 밥을 먹이려는데 고개를 옆으로 돌리는 아기를 보면 양육자는 '음식을 먹고 싶지 않구나'라고 오해를 하고 밥 먹이기를 중단하기도 합니다. 아기의 발달 특성을 충분히 이해하지 못한 초보 부모들은 아기의 작은 행동을 보고 아기가 하려는 말을 오해하는 경우가 많아집니다.

포인팅	원하는 것이 있을 때 확실하게 표현하지 않으므로 양육자가 아기의 마음을 쉽게 이해하기 힘들다.
눈 맞춤	사람과 눈을 잘 안 맞추려고 한다. 혹은 사람과 감정을 교류하기 위한 눈 맞춤이 아니라 사람을 탐색하려는 의도로 쳐다보는 경우가 많다.
표정 변화	얼굴 작은 근육의 움직임이 적으므로 평상시 얼굴에 표정이 별로 없다.
몸짓	기분에 상관없이 양육자 옆에 항상 붙어 있거나 혹은 양육자에게 다가오지 않고 혼자서만 놀려고 한다.

▲ 얼굴에 표정 변화가 별로 없는 아기

▲ 양육자에게 항상 붙어 있는 아기

양육자의 말걸기

아기의 언어이해력 수준에 맞춰 얼굴 표정과 억양, 몸짓을 더해 말을 걸어 주세요

모든 양육자는 아기의 마음을 이해하고 소통하고 싶어 합니다. 하지만 아기 가 타고난 기질에 따라 표현하는 방식이 다른 것처럼 양육자도 아기와 소통 하기 위해 표현하는 방식이 다릅니다. 이 표현 방식에 따라 이지 페어런츠 Easy Parents와 디피컬트 페어런츠Difficult Parents로 분류합니다.

이지 페어런츠 Easy Parents의 말걸기 특성

아기 입장에서 이해하기 쉽게 말을 걸어주는 양육자는 이지 페어런츠 Easy Parents라고 부릅니다. 이런 양육자는 아기에게 예쁘다고 말하고 싶을 때 "예 뻐요"라는 말과 함께 눈빛이나 얼굴 표정, 몸짓을 적극적으로 움직여 표현 합니다. 안 된다는 말을 할 때는 "안 돼요"라는 말과 함께, 목소리 톤을 낮게 하고 얼굴 표정을 단호하게 하거나 말없이 아기를 안아 행동으로 메시지를 전달합니다.

눈 맞춤	아기에게 눈을 맞출 때 양육자의 눈빛에 마음을 담아서 전달하려고 노력합니다.
표정 변화	얼굴 작은 근육의 변화로 양육자의 마음을 아기가 읽을 수 있게 표현합니다.
몸짓	아기에게 메시지를 전할 때 간단한 몸짓을 더해서 말을 합니다.
스트레스 상황에서의 태도	얼굴 표정이 굳어지고, 말이 적어지고, 아기로부터 멀어져가는 태도로 양육자의 마음을 표현합니다.
말하기 속도	평상시 천천히 또박또박 말해서 아기가 이해하기 쉽게 도와줍니다.
먼저 말걸기	아기가 혼자서 놀고 있더라도 먼저 다가가서 다정한 말투와 목소리로 말을 걸어주거나 스킨십으로 다정함을 표현해 줍니다.

▲ 몸짓을 더해 메시지를 전하는 양육자

▲ 마음을 담아 눈 맞춤을 하는 양육자

디피컬트 페어런츠 Difficult Parents 의 말걸기 특성

아기가 이해하기 어렵거나 오해하기 쉽게 말을 걸어오는 양육자는 디피컬트 페어런츠Difficult Parents라고 합니다. 양육자가 기분이 좋을 때는 크게 칭찬하다가도 양육자가 몸이 피곤하면 갑자기 화를 내거나 냉정해집니다.

사랑하는 마음을 표현하면서 아기의 볼을 꼬집거나 간지럼을 태운다면 아기는 혼란스러워합니다. 양육자의 마음은 아기를 사랑하고 있지만 행동은 아기에게 스트레스를 주고 있기 때문입니다. 아기와 적극적으로 눈을 맞추지 않고 얼굴 표정에 변화가 없는 양육자도 아기의 입장에서는 아기에게 긴장과 혼란을 줍니다. 디피컬트 페어런츠의 아기는 양육자와의 소통을 회피하거나 공격적인 태도로 소통하게 될 수 있습니다.

눈 맞춤	아기와 눈 맞춤을 시도할 때 양육자가 전하고 싶은 메시지를 전달하기 위해서 노력하기보다는 아기가 눈 맞춤을 하는지 못하는지 검사하려는 태도를 보입니다.
표정 변화	아기의 행동에 대해 얼굴의 표정 변화가 크지 않습니다.
몸짓	아기에게 메시지를 전할 때 간단한 몸짓 등의 표현이 없고 말로만 말합니다.
스트레스 상황에서의 태도	목소리가 격해지고 말이 많아지며 아기에게 다그치는 태도를 보입니다.
말하기 속도	평상시 말의 속도가 매우 빠릅니다.
먼저 말걸기	아기가 혼자 놀고 있을 때 사랑스러운 눈으로 바라는 보지만 먼저 다가가서 말을 걸거나 다정한 스킨십으로 메시지를 전하지는 않습니다.

▲ 몸의 움직임이 없이 말로만 메시지를 전하는 양육자

▲ 스트레스 상황에서 쉽게 흥분하는 양육자

4

말하기와 사회성

일반적으로 사회성이 좋은 아이로 자라려면 말을 잘해야 한다고 생각하기 쉽습니다. 하지만 상대방의 말은 이해하려 하지 않고 자기 말만 하려고 한다면 사람들이 싫어하는 '눈치 없는 사람'이 될 수 있습니다. 사회성의 기본인 대인관계를 잘하려면 상대방의 말을 공감하고 이해하는 능력과 함께 얼굴 표정, 몸짓 등의 비언어적 표현을 읽어낼 수 있는 힘이 필요합니다.

아직 말로 말하지 못하는 0~3세 시기에도 아기는 얼굴 표정과 몸짓으로 여러가지 이야기를 하고 있습니다. 이와 함께 양육자의 얼굴 표정, 몸짓, 목소리 등의 의미를 이해하고 소통하려고 노력하고 있습니다. 그래서 아직 말로 말하지 못하는 아기와 소통하기 위해서는 양육자의 연기력이 필요합니다. 양육자도 아기도 타고난 기질이 다르기 때문에 누군가에게는 쉬운 일이지만 누군가에게는 많은 노력이 필요한 일이기도 합니다. 그래도 아기와의 소통을 위해서 꾸준히 노력해 보세요.

먼저 아기가 보내주는 작은 신호들의 의미를 이해하려는 노력이 아기와 의사소통의 시작입니다. 다음에 소개하는 아기의 신호들을 확인해 주세요.

신생아가 양육자에게 보내는 신호

어른들도 항상 말로만 의사소통을 하는 것은 아닙니다. 예를 들어, 침묵은 때로는 기다려달라는 의미가 되기도 하고 화가 났다는 의미가 되기도 하지요. 고개를 내리거나 돌리면 듣기 싫다는 표현이기도 합니다. 어른들은 다양한 방식으로 자신의 감정과 의사를 전달합니다. 아기들도 마찬가지입니다. 아기들의 작은 행동을 잘 관찰해보면 하고자 하는 말의 의미를 파악할 수 있습니다. 아기들은 '좋아요'와 '싫어요'라는 의미를 눈빛, 얼굴 표정, 목소리 톤, 팔이나 등의 움직임으로 명확하게 표현합니다.

얼굴 표정과 몸의 움직임으로 아기가 양육자에게 걸어오는 말을 이해할 수 있다면 아기가 양육자를 더 빨리 신뢰할 수 있게 될 것입니다. 아기가 얼굴 표정과 몸짓으로 좋다고 말을 걸어오면 "아이고 좋아요" 하고 말해주세요. 아기가 얼굴 표정과 몸짓으로 싫다는 신호를 보내오면 "어, 미안해" 하고 말해주세요.

1. 양육자와 상호작용을 하고 싶다는 작은 신호

얼굴로 보내는 신호

▲ 눈이 커지고 얼굴이 밝아져요. 눈썹이 올라가서 이마에 가로로 주름이 생겨요

손으로 보내는 신호

몸짓으로 보내는 신호

▲ 손가락이 약간 펴져요.
살짝 공을 쥔 듯해요

▲ 몸을 움직이다가 멈추거나 엎드린
자세에서 고개를 들어올려요

2. 양육자와 상호작용을 하고 싶다는 강한 신호

음성으로 보내는 신호

• 소리 내서 웃어요.

• 옹알이 소리를 내요.

• '어', '아' 하는 소리를 내요.

• 젖꼭지 빠는 소리를 내요.

얼굴 표정으로 보내는 신호

• 먼저 미소를 지어요.

• 계속해서 미소를 지어요.

• 양육자의 얼굴을 먼저 빤히 쳐다봐요.

• 양육자의 얼굴을 계속해서 쳐다봐요.

몸짓으로 보내는 신호

• 팔다리를 부드럽게 움직여요.

• 팔을 양육자가 있는 곳으로 뻗으려고 해요.

• 엎드린 상태에서 양육자의 목소리가 들리는 쪽으로 고개를 돌려요.

3. 불편하다는 작은 신호

- 칭얼거려요.
- 딸꾹질을 해요.

▲ 입술을 젖꼭지 빨 듯이 오물거리는 횟수가 늘어요

33

얼굴 표정으로 보내는 신호

▲ 눈을 꽉 감아요

▲ 시선을 피해요

▲ 하품해요

▲ 혀를 내밀어요

▲ 눈을 감고 입술을 다물고 흐느껴요

▲ 오만상을 찌푸려요

▲ 입술을 내밀어요

입을 앙 다물어요(입꼬리가 내려감)	위아래 입술이 말려들어 가면서 입술을 꼭 누른 상태
입술을 삐쭉거려요	입술이 양쪽으로 들어간 상태로 움직여짐
얼굴을 찡그려요	눈썹을 찡그리고 눈을 꼭 감고 윗입술이 올라간 상태
오만상을 찌푸려요	눈썹을 찡그리고 입술을 앙 다문 상태
갑자기 눈을 깜빡거려요	빠른 눈 깜빡임이 반복됨(한 번 이상)
눈살을 찌푸려요	눈썹과 입술이 위로 올라감
입술을 오물거려요	입술을 모으고 오물오물 움직임
입술을 내밀어요	입술을 앞으로 쭈욱 내밂
"웩" 하고 토하는 행동을 해요	배에 힘을 주고 입을 별려서 토할 것 같은 자세를 취함
눈을 감고 입술을 다물고 흐느껴요	무표정으로 눈과 입술은 다물어져 있거나 눈썹이 아래로 향함

▲ 발의 움직임이 늘어요

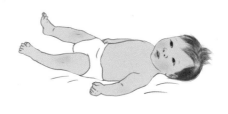

▲ 다리가 경직되어 펴져요

▲ 어깨를 들어올려요

▲ 발차기를 해요

발차기를 해요	발을 앞으로 뻥뻥 차는 듯이 움직임
몸을 부산스럽게 움직여요	팔과 다리가 몸통 가까이 있는 상태에서 움직임
팔이 옆으로 내려가요	깨어 있는데 잠든 상태처럼 양팔이 옆으로 축 쳐짐. 눈은 스트레스를 받은 눈빛
고개를 떨어뜨려요	턱이 가슴을 향해 내려가고 눈도 같이 내려감

▲ 손으로 귀를 만져요

▲ 손을 배로 가져가요

▲ 손목을 빠르게 돌려요

▲ 손을 입에 넣어요

손을 입에 넣어요	손을 약간 주먹 쥔 상태로 입에 넣음
양육자의 머리카락을 꽉 움켜쥐어요	팔을 양육자의 머리카락으로 가져가서 머리카락을 꽉 움켜쥠

4. 불편하다는 강한 신호

아기가 불편해서 휴식이 필요하다는 의미의 일차적인 신호를 보냈으나 양육자가 적절하게 반응해주지 못하면 좀더 강한 신호를 보냅니다.

음성으로 보내는 신호

울기	작은 소리로 1~2초 간격으로 지속됨
칭얼거리기	리듬이 없이 지속적이고 콧소리가 겹쳐짐
높은 소리로 울기	"앙, 앙, 앙" 하는 짧고 날카로운 음을 냄
침 뱉기	침과 함께 적은 양의 음식을 내뱉음
구토	많은 양의 음식이나 우유를 분출함

큰 근육의 움직임으로 보내는 신호

등 젖히기	등에 힘을 주고 고개를 젖힘
고개 돌리기	양육자로부터 고개를 돌려버림
고개를 도리도리하기	놀이 형태의 도리도리가 아닌 얼굴을 찡그리거나 무표정으로 고개를 돌림
팔을 위아래로 허우적거리기	팔에 힘이 들어간 채 주먹을 쥐고 상하로 움직임
양육자 밀어내기	팔을 뻗어서 양육자를 밀치는 듯이 행동함

울기 바로 직전의 삐쭉거림	이맛살을 찡그리고 아랫입술이 떨리면서 입술을 내밀고 점점 아래로 내려감

▲ 높은 소리로 울어요

▲ 울려는 듯이 삐쭉거려요

▲ 침을 뱉어요

양육자를 향해 손바닥 벌리기	손바닥을 내보이며 멈추라는 듯이 행동함

▲ 고개를 돌려요

▲ 손바닥을 벌려요

▲ 허우적거리면서 밀어내요

출생에서 생후 2개월까지

세상은 아기를 이해해 주는 곳이라는 걸 알려주기

"

아기야, 불안해하지 마.
세상에 천천히 적응해 가면 돼.

"

　　아기는 열 달 동안 머물렀던 엄마의 자궁에서 나와 처음으로 빛과 소리, 피부에 주어지는 여러 감각을 통해 세상을 만나게 됩니다. 생후 1개월이 된 아기는 양육자가 아기를 돌보기 위해서 제공하는 많은 시각자극, 청각자극, 피부자극을 자신에게 말을 거는 행동으로 느끼지요. 그러므로 이 시기의 아기에게 '불안해하지 마, 잘 보살펴줄게'라는 의미를 전달하기 위해서는 어떤 자극이 아기를 불편하게 하는지 알고 아기의 불안을 줄여주기 위해 노력해야 합니다. 양육자는 아기가 어떤 환경에서 어느 방식으로 말을 걸어주었을 때 편안해하는지 공부해야 하지요.

　　생후 2개월이 된 아기는 이전보다 더 많은 것을 볼 수 있고 소리도 더 정확하게 들을 수 있습니다. 이 시기의 아기는 소리가 들리는 쪽으로 고개를 돌려서 탐구하고 싶어 하지만 아직 제힘으로 고개를 가눌 수 없습니다. 그러므로 아기가 눈으로 볼 수 있는 범위 내에서 소리를 들려주고 얼굴과 모빌을 보여주면서 세상은 재미있는 곳이라는 메시지를 전달하는 것이 좋습니다.

1
아기는 모든 감각으로
세상을 봐요

눈

눈을 맞출 수 있어요

아기는 생후 1개월까지 아기는 주변의 사물을 희미하게 볼 수 있습니다. 아기가 가장 가까이서 보는 것은 자신에게 다가오는 사람의 얼굴입니다. 이때 아기는 상대방의 눈, 코, 입을 또렷하게 분간할 수 없지만 입을

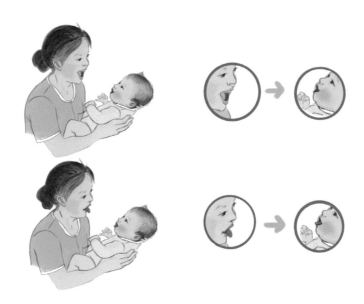

벌리고 있는지, 혀를 내밀고 있는지 정도는 분명하게 볼 수 있습니다. 하버드 대학의 브래즐턴 박사는 신생아 행동 발달 평가도구를 통해 분만실에서 간호사가 갓 태어난 아기를 안은 채 혀를 내밀면 아기도 반사적으로 혀를 내밀고, 간호사가 입을 벌리면 아기도 따라서 입을 벌린다는 사실을 알아냈습니다. 갓 태어난 아기도 단순한 움직임은 눈으로 보고 따라 할 수 있다는 걸 증명한 것입니다.

아기는 생후 2개월이 되면 20센티미터 정도 떨어진 곳에 있는 얼굴이나 장난감까지 볼 수 있어 눈앞에 있는 사물과 눈을 맞추려고 애씁니다. 하지만 움직임이 빠른 사물은 아직 쫓아가기 힘들기 때문에 아기 눈앞에 있는 장난감을 너무 빨리 흔들지 않아야 합니다. 이 시기에 많은 양육자들이 모빌로 아기의 시각을 자극합니다. 모빌은 흑백의 삐죽삐죽 튀어나온 모양으로 선택하세요. 이 시기의 아기들은 대비되는 색깔과 튀어나온 형태에 더욱 집중하기 때문입니다. 아기의 시선을 사로잡는 시각자극이 주어지면 아기는 세상을 탐구해 볼만한 재미있는 곳으로 인식하게 됩니다.

▲ 출생~생후 2개월 아기를 위한 모빌

초보 양육자는 생후 1~2개월 된 아기가 자신과 눈을 맞추고 있는지 알아차리기 힘듭니다. 하지만 양육자가 알지 못하는 순간에도 아기는 시각적인 자극에 반응하고 있습니다. 아기와 눈을 잘 맞추기 위해서는 아기의 눈을 쳐다보며 양육자의 얼굴을 위아래로 한두 번 살살 끄덕여주는 것이 좋습니다. 눈앞에서 양육자의 얼굴이 움직이면 아기가 좀 더 관심을 가지고 쳐다보기 때문이지요.

아기의 얼굴을 쳐다보며 입 모양을 바꾸는 것도 효과적인 말걸기 방법 중 하나입니다. 입 모양을 바꾸면 아기는 양육자의 얼굴에 좀더 흥미를 보이며 얼굴 표정에 집중합니다. 그러니 갓 태어난 아기에게는 '아, 에, 이, 오, 우' 등 입술 모양을 다양하게 바꿔가며 함께 놀아주세요.

입술 모양을 바꿀 때 양육자가 빨간색 립스틱을 바르는 것도 좋습니다. 빨간색 입술의 움직임이 아기에게 시각적인 자극으로 전달되어 시선을 끄는 데 큰 도움이 되기 때문입니다. 자신이 이해하기 쉬운 시각적인 자극을 받으면 아기는 양육자가 자신에게 말을 걸고 있다고 느낍니다.

귀 부드러운 소리가 좋아요

갓 태어난 아기는 집에서 나는 단순한 소리와 양육자의 음성을 구분하기 어렵습니다. 아직 소리와 음성의 차이를 모르기 때문이지요. 이 시기의 아기는 부드러운 소리나 음성에는 관심을 가지고 집중하지만, 날카로운 소리나 음성은 불쾌한 자극으로 인식합니다. 따라서 양육자가 기쁨에 차

서 크게 소리치는 말도 아기에게는 불안감을 증폭시키는 불쾌한 자극으로 느껴질 수 있습니다. 큰 웃음소리 역시 아기는 불쾌한 말걸기로 인지하므로 아기가 있는 곳에서는 되도록 조용하게 이야기하는 것이 좋습니다. 이 시기의 아기는 시각이 아직 발달하지 않아 청각정보로 주변을 파악하려고 합니다. 그래서 아기에게 흥미로운 소리가 들리면 그쪽으로 고개를 돌리려고 애쓰는 것이지요.

가족 구성원이 많다면 다양한 목소리로 아기에게 흥미로운 청각자극을 제공할 수 있습니다. 엄마 혼자서 아기를 키우는 경우, 주로 엄마 목소리만 들려주게 되므로 부드러운 소리가 나는 딸랑이를 다양하게 구입하는 것도 좋은 방법입니다. 아기는 같은 소리가 반복적으로 들릴 경우 그 소리에 의미를 두지 않습니다. 같은 목소리나 같은 장난감 소리를 반복해서 들려주기보다 다른 목소리, 다양한 장난감 소리를 들려줘야 아기의 관심을 끌 수 있습니다.

이 시기의 아기는 딸랑이에서 나는 부드러운 소리를 다정한 말걸기로 인식합니다. 장난감에서 나는 소리여도 날카로운 소리는 불쾌하게 받아들이기 때문에 생후 2개월까지는 들려주지 않는 것이 좋습니다. 생후 7개월부터는 장난감에서 나는 날카로운 소리도 재밌는 소리로 받아들이므로 그 이후에 활용하도록 합니다.

1990년대 말, 이스라엘의 한 산부인과 의사가 태아도 소리를 들을 수 있는지에 대해 연구했습니다. 임신 말기의 임산부에게 다양한 음악을 들려주면서 배 속 아기의 움직임을 관찰한 결과, 음악을 들려주었을 때 대부분 태동이 증가한다는 사실을 알게 되었습니다. 태아가 음악을 듣고 반응한 것입니다. 실제로 엄마가 임신 중에 들었던 음악을 태어난 아기에게 들려주었을 때 반응하는 경우가 많습니다. 따라서 임신 중에 부모가 대화를 많이 나누면 태어난 후에 아기는 부모의 목소리에 더 친숙하게 반응하며 좋아합니다. 그러므로 아기가 스트레스를 받는 상황에서는 낯선 사람의 목소리보다

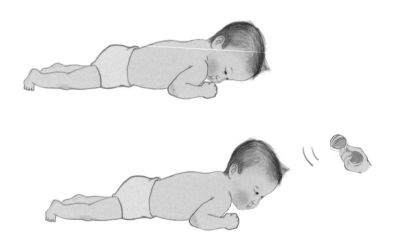

▲ 머리맡에서 딸랑이를 흔들면 쳐다본다

엄마, 아빠의 목소리를 들려주세요. 아기가 좀더 쉽게 안정감을 느낄 수 있습니다. 엄마 배 속에서 들었던 음악을 들려주어도 아기는 스트레스 상황에서 벗어나 편안해집니다.

아기가 가장 편안함을 느끼는 소리는 엄마 배 속에서 들었던 '쉬쉬' 하는 혈류 소리와 맥박 소리입니다. 아기가 울 때 '쉬쉬' 하는 물소리를 들려주면 태중에 접했던 혈류 소리와 비슷하기 때문에 아기는 쉽게 진정할 수 있습니다. 같은 이유로 인큐베이터에 있는 아기에게 엄마의 심장박동 소리를 녹음해서 들려주기도 합니다. 엄마가 인큐베이터에 있는 아기를 안은 채 심장박동 소리를 들려 주면 미숙아들의 호흡이 안정된다는 실험 결과도 있지요. 부모의 목소리나 엄마의 심장박동 소리, '쉬쉬' 소리를 들려주는 것은 낯선 세상이 아기에게 안정감을 전하는 말걸기입니다.

피부 물속은 좋지만 목욕은 싫어요

태어난 지 얼마 안 된 아기는 물속이 익숙하고 편안합니다. 열 달 동안 엄마 배 속의 양수에서 천천히 흔들리는 물을 이미 경험했기 때문이지요. 갓난아기를 수영장에 넣었을 때 반사적으로 수영을 하는 것 역시 이와 같은 이유입니다. 하지만 아기가 피부로 느끼는 물은 엄마의 양수나 수영장의 물과 다릅니다. 목욕할 때 아기는 단순히 물의 촉감만 느끼는 것이 아니라 누군가가 자신의 머리카락과 피부를 문지르는 강한 자극을 느낍니다. 엄마 배 속과 달리 머리는 밖에 있고 몸만 통 속에 있는 목욕 자세도 아기에게 불안감을 주는 요인입니다. 그러므로 아기를 씻길 때는 가능한 한 부드럽고 다정하게 대해야 아기의 불안을 줄일 수 있습니다.

괜찮아
널 괴롭히려는 게
아니야

신생아는 목욕이 불편하게 느껴지면 팔다리를 버둥거리기도 합니다. 이 시기의 아기는 자신이 팔다리를 움직이고 있다는 것을 스스로 인지하지 못합니다. 그 때문에 자신의 움직임을 마치 주변에서 뭔가가 흔들린다고 느껴 아기는 더욱 놀라 울게 되는 것이지요. 따라서 팔다리를 천 기저귀로 감싸서 아기를 움직이지 못하게 한 후에 머리와 얼굴을 씻겨주어야 합니다. 먼저 머리를 감기고 얼굴을 씻긴 후에는 아기를 물속에 넣고 천 기저귀를 살살 벗겨주세요. 그래야 아기는 '괜찮아. 널 괴롭히려는 게 아니야'라는 양육자의 다정한 의도를 느낄 수 있습니다.

생후 2개월까지 아기는 피부로 강한 자극이 느껴지면 이를 불쾌하게 받아들이고 울기도 합니다. 누군가 자신에게 뻣뻣한 천이나 깔끄러운 털 등으로 된 옷을 입혀 불쾌한 피부자극을 전달하면 아기는 이를 부정적인 말걸기로 받아들이는 것이지요. 같은 이유로 양육자의 옷도 부드러운 천으로 된 것이 좋습니다.

움직임 안정적인 움직임이 필요해요

아기는 배 속의 양수에서 지내는 열 달 동안 잔잔한 움직임에 익숙해집니다. 양수 속에서 아기의 몸이 흔들리면 귓속의 전정기관(몸의 균형을 담당하는 평형기관)이 자극되고 이 자극이 뇌에 전달되어 균형 감각을 담당하는 신경망을 형성합니다. 엄마 배 속에서 너무 일찍 나온 미숙아는 그런 흔들림을 충분히 경험하지 못해서 균형 감각이 제대로 발달하지 않기도 합니다. 이를 예방하기 위해 인큐베이터 속에 물침대를 넣어주거나 하루에 몇 번씩 미숙아를 흔들리는 침대에 눕히곤 합니다. 실제로 물침대 위에서 지낸 미숙아들이 이전보다 호흡과 발육 상태가 좋아졌다는 연구결과들도 있습니다. 이처럼 배 속에서 엄마가 움직일 때 느꼈던 부드러운 양수의 움직임은 균형 감각을 담당하는 신경망을 형성시켜주고 평온함을 전달하는, 아기의 뇌와 정서발달을 위한 매우 중요한 자극입니다. 이 자극은 아기에게 '괜찮아. 걱정하지 마. 여기는 엄마 배 속처럼 편한 곳이야'라는 의미로 전달되는 부드러운 말걸기입니다.

하지만 아기가 물속에서의 부드러운 움직임을 기억한다고 해도 아직 뇌에는 빠른 흔들림에 적응하는 신경망이 발달하지 않았습니다. 따라서 아기를 빨리 흔들면 아기는 몹시 어지러움을 느끼고 '나는 네가 싫어'라는 불쾌한 말로 받아들이지요. 초보 양육자는 아기가 심하게 울면 빨리 달래기 위해 아기를 위아래로 격하게 흔듭니다. 과한 흔들림은 아기를 어지럽게 하여 잠시 울음을 멈추게 할 수 있습니다. 하지만 이를 보고 울 때마다 아기를 계속 심하게 흔들면 뇌 손상을 가져올 수 있으므로 조심해야 합니다. 반대로 부드러운 흔들림조차 아기의 뇌에 손상을 준다고 생각하고 아기를 꼼짝 못하도록 하는 양육자도 있습니다. 하지만 아기가 배 속에서 엄마가 걸을 때 느꼈던 수준의 부드러운 움직임은 아기에게 편안함을 주므로 적극적으로 활용하세요.

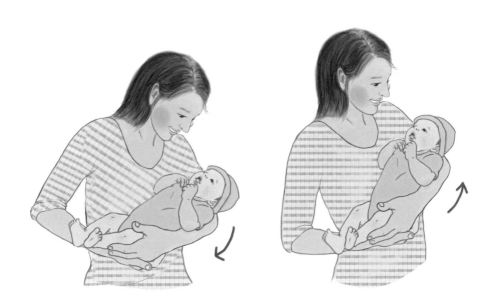

▲ 부드러운 흔들림은 아기에게 편안함을 전달한다

● ● ● ● ● ● 2 ● ● ● ● ●

아기는 온몸으로 말해요

기분이 좋을 때   정면을 빤히 바라보거나 옹알이해요

이 시기의 아기는 기분이 좋을 때 가만히 앞을 바라보고 있습니다. 주변 소리와 장면에 집중하기 때문이지요. 아직 상대방의 눈, 코, 입을 정확하게 보지는 못하지만 말을 하는 입술의 움직임을 가장 집중해서 봅니다. 그러므로 아기가 기분이 좋아서 주변을 응시할 때 입술의 움직임으로 말걸기를 시도해보세요. 아기와 눈을 맞추며 부드러운 목소리로 이름을 부르면 서로의 감정을 공유할 수 있습니다. 이때 아기가 앙증맞고 예쁘다고 볼을 꼬집거나 큰 소리로 말하지 않도록 주의하세요.

머리 위 20센티미터에 모빌을 달아주어 아기가 시선을 고정할 수 있도록 하는 것도 좋습니다. 이때 모빌을 여러 개 달아놓는다고 해서 아기가 여러 모빌을 동시에 바라보는 것은 아닙니다. 다양한 모빌을 보여주고 싶다면 아침저녁으로 다른 모양의 모빌로 바꿔주세요.

아기가 기분이 좋으면 간단한 옹알이를 하거나 미소를 보이기도 합니다. 이때 양육자는 아기의 눈에 잘 띄도록 입술에 빨간색 립스틱을 바르고 아기의 옹알이에 맞추어 "그랬어요~ 기분이 좋아요" 하고 장단을 맞춰주세요.

가람아~

기분이 나쁠 때 **온몸에 힘을 주고 울어요**

아기가 부정적인 감정을 표현하는 방법은 단순합니다. 얼굴을 찡그리고 우는 것으로 기분을 나타내지요. 또한 신생아는 스트레스를 받으면 온몸에 힘을 줍니다. 그래서 기분이 나쁜 아기는 울면서 팔다리에 힘을 주게 되지요. 기질에 따라 팔다리에 힘을 주지 않고 그저 서럽게 울기만 하는 아기도 있지만, 힘을 많이 주고 우는 아기들은 팔다리를 부들부들 떨기도 합니다. 그러므로 아기가 울 때는 천 기저귀로 아기의 몸이 움직이지 않도록 감싸주세요. 부드러운 딸랑이 소리나 양육자의 말소리를 들려주는 것도 좋습니다.

발달에 부정적인 영향을 끼칠까 봐 공갈젖꼭지를 되도록 사용하지 않으려는 양육자들도 있습니다. 하지만 아기가 울 때 공갈젖꼭지를 물려주는 것도 똑똑한 말걸기 방법 중 하나입니다. 공갈젖꼭지는 발달에 해롭지 않습니다. 힘들게 안아서 억지로 달래는 것보다 공갈젖꼭지를 사용하는 것이 양육자는 쉴 수 있고 아기도 쉽게 안정감을 느끼는 현명한 방법입니다.

부들부들 떨기

손 벌리기

손을 배에 대기

▲ 생후 1~2개월경의 아기가 스트레스 받았을 때의 행동

아기를 안아 들면 몸이 위로 올라가면서 귓속의 전정기관이 자극되어 아기가 좀더 빨리 진정하기도 합니다. 하지만 출산 후 엄마의 몸이 온전히 회복되지 않은 시기이므로 무리해서 아기를 안지 말고 캐리어에 앉혀서 살랑살랑 흔들어주세요. 캐리어를 사용하면 아기를 충분히 안아주지 못하는 것은 아니냐고 우려하기도 하는데, 수유할 때 적극적인 스킨십이 가능하므로 아기가 울 때는 움직이는 캐리어를 이용해도 좋습니다.

▲ 살랑살랑 흔들어주면 귓속의 전정기관이 자극되어서 잠들기가 쉬워진다

• • • • • • 3 • • • • •

부드러운 자극으로
말을 걸어보세요

아기가 울 때

아기가 울 때는 가능한 한 엄마 배 속과 같은 환경을 제공해주는 것이 좋습니다. 둥근 캐리어에 아기를 앉히고 살살 흔들면서 '쉬쉬' 소리를 들려주면 엄마 배 속 환경과 가장 유사한 환경이 됩니다. 거친 목소리로 "힘들어", "어떻게 하라고?" 등의 말을 하지 않도록 조심하세요. 말의 의미는 이해하지 못하지만 목소리 톤으로 아기는 양육자가 자신에게 부정적인 감정을 표현하고 있다는 것을 충분히 알 수 있습니다.

기저귀 갈 때

기저귀를 갈 때 아기는 유쾌하지 않은 피부자극을 경험합니다. 시간이 지나면 아기는 기저귀가 벗겨지고 입혀질 때 느껴지는 피부자극이 축축하고 물컹한 자극을 제거하려는 행동임을 알게 됩니다. 하지만 아직 이 시기에는 기저귀를 가는 것이 불쾌한 자극을 제거하기 위한 행동임을 알지 못합니다. 그러므로 기저귀를 갈 때는 아기에게 "금방 끝낼게요. 미안해요"라고 이야

기해주세요. 아기는 그 말을 이해하지 못하지만 양육자의 목소리 톤을 통해 자신에게 양해를 구하고 있다고 느낍니다.

물론 기저귀를 가는 일은 양육자에게도 썩 유쾌한 일은 아닙니다. 당연히 기저귀를 가는 도중에 "좀 참아!"라며 강하게 말하게 될 때도 있습니다. 의도치 않게 짜증을 내게 된다면 양육자의 컨디션이 아기의 투정을 받아내지 못할 만큼 나쁘다는 신호입니다. 그러므로 양육자가 편하게 식사를 하거나 쉴 수 있는 방법을 찾아보세요.

모유 수유할 때

모유를 먹을 때 아기는 엄마와 눈을 맞추기 어렵습니다. 젖꼭지를 빠는 일은 아기에게 진땀이 나는 노동입니다. 그러므로 엄마의 다정한 목소리 같은

부드러운 소리 자극을 들려주어야 아기는 안정감을 느끼며 젖을 먹을 수 있습니다. 다만 엄마의 몸 상태가 좋지 않을 때는 무리해서 목소리를 들려주지 않아도 괜찮습니다. 목소리가 들리지 않아도 아기는 자신의 등에 닿은 손으로 엄마의 존재를 느낄 수 있습니다. 모유를 먹이며 아기의 등을 부드럽게 만져주세요.

인공 수유할 때

인공 수유를 할 때는 아기와 적극적으로 눈을 맞추도록 합니다. 인공 수유는 엄마가 아니어도 가능합니다. 그러므로 수유를 하는 사람이 아기와 눈을 맞추며 웃는 얼굴로 "잘 먹네"라고 말해주세요. 아기와 눈을 맞추지 않으면 아기는 천장의 불빛을 바라보고, 눈으로 흔들리는 빛을 좇으며 불안해할 수 있습니다. 그러므로 인공 수유를 할 때 되도록 아기와 눈을 맞춰주세요. 어두울 때는 천장의 불을 끄고 아기 등 뒤에 수유등을 놓는 것이 좋습니다.

4

엄마의 몸이
빨리 회복되어야 합니다

열 달이라는 임신 기간과 고된 출산 과정을 거치고 모유 수유까지 해야 하므로 이 시기는 엄마가 극심한 육체적 고통에 시달리는 시기입니다. 아기를 안아주고 싶지만 자신의 몸이 너무 힘들어서 아기를 안는 행위 자체가 부담스럽게 느껴지기도 합니다. 엄마의 온몸이 쑤시고 아픈 이 시기에는 무리해서 아기를 자주 안지 마세요. 엄마가 안아주어야만 아기가 안정감을 느끼는 것은 아닙니다. 실제로 인큐베이터에서 서너 달씩 지내느라 엄마의 품을 충분히 경험하지 못한 미숙아들도 훗날 애착 관계를 형성하는 데 문제가 없습니다.

이 시기에는 엄마의 몸부터 빨리 회복해야 합니다. 가능하다면 친인척이나 육아도우미의 도움을 적극적으로 받는 것이 좋습니다. 엄마의 몸 상태가 좋지 않아 아기와 가깝게 지낼 수 없다면 엄마의 목소리만 들려주어도 됩니다. 아기가 울 때나 잠을 재울 때는 엄마의 맥박 소리가 효과적입니다. 아기를 안기 힘든 상황에서는 엄마 가슴에 아기를 올려놓아 맥박 소리를 들려주는 방법도 좋습니다. 엄마가 잘 먹고 푹 쉬어서 빨리 몸을 회복하는 것이 우선입니다.

아기에게 적극적으로 말을 걸고 싶다면 아기의 시선을 끄는 옷을 입어 보세요. 다양한 색깔과 무늬의 옷을 입으면 엄마의 기분도 좋아지고, 아기는 옷의 무늬를 관찰하면서 세상에 대한 호기심을 느낄 수 있습니다. 양육자는 말로만 말을 거는 것이 아니라 화려한 옷으로도 아기에게 '세상은 아름답고 재미있는 곳이야'라는 말걸기를 할 수 있습니다.

"생후 2개월, 아기가 눈을 잘 맞추지 못해요"

불안한 눈빛으로 눈을 맞추면 아기는 부담스러워서 눈을 피합니다.

태어나줘서 반갑다는 메시지가 전달되도록

적당한 눈 맞춤을 시도해 주세요.

마흔 살에 늦둥이를 낳았다는 엄마가 생후 2개월 된 아기를 안고 연구소를 찾아왔습니다. 본인은 계속 아기와 눈을 맞추려 하는데 아기는 눈을 잘 맞추지 못한다고 염려하더군요. 엄마가 보기에는 "맘마 먹자"라고 말하면 아기가 알아듣는 것 같고, 형이 아기를 부르는 소리에도 반응한다고 했습니다. 엎어놓았을 때 고개를 양옆으로 돌릴 수 있으며 목도 가누므로 운동발달에도 문제가 없어 보인다고 말했지요. 엄마 목소리가 들리면 아기가 좋아하는데 유독 눈을 맞추려고만 하면 엄마와 오래 눈을 맞추지 못해서 걱정이라고 했습니다.

이 엄마가 아기의 발달에 민감한 반응을 보이는 이유가 있었습니다. 열세 살 된 큰아이가 있는데, 큰아이는 사람과 상호작용이 어려운 발달장애아로, 13년 동안 엄마는 많은 노력을 기울이며 큰아이를 키웠습니다. 그 과정을 거치며

63

장애아의 어려움을 직접 경험한 엄마는 혹시 늦둥이에게도 발달장애가 있는 것은 아닐지 노심초사하며 아기의 발달 상황을 확인해온 것입니다.

실제로 사람에게 관심을 가지지 않는 자폐스펙트럼 장애아의 경우 상대방과 눈을 맞추는 것을 어려워합니다. 장난감을 보여주면 적극적으로 눈을 맞추려고 하지만 사람과는 눈을 맞추지 못하고 피하려는 경향을 보입니다. 이 엄마는 큰아이와 달리 늦둥이는 시선이 또렷하지만 눈을 오래 맞추지 못하니 불안하다고 이야기했습니다. 다행히 발달 검사 결과 생후 2개월인 아기는 아빠를 닮아서 얼굴에 표정이 거의 나타나지 않는 아기였을 뿐 발달상의 문제는 보이지 않았습니다.

생후 2개월 된 아기는 5~15초 정도 시선을 고정하고 상대방과 눈을 맞출 수 있습니다. 하지만 연구소를 찾았던 엄마는 아기가 1분 이상 계속해서 초점을 맞추고 있길 바랐습니다. 오래 눈을 맞추기 위해 아기에게 계속 다가가기도 했지요. 하지만 눈을 맞추려고 지속적으로 시도하면 아기는 오히려 거부감을 느끼고 엄마의 눈을 피하게 됩니다. 아기와 자주 눈을 맞추려는 노력은 필요하지만, 아기가 눈을 맞추어주었는데도 더 오래 맞추기 위해 다가갈 필요는 없습니다.

설령 자폐스펙트럼 장애일지라도 생후 4~6개월경에 일찍 발견하여 치료에 들어가면 나아질 수 있습니다. 그러므로 생후 2개월에 엄마가 원하는 만큼 눈을 맞추지 못한다고 걱정할 필요는 없습니다. 눈 주변의 근육은 빠른 속도로 발달하기 때문에 생후 2개월의 시각반응과 생후 4개월의 시각반응에는 아주 큰 차이가 있습니다. 생후 4개월까지는 아기를 기다려주세요. 아기가 생후 9개월이 되었을 즈음, 연구소를 들른 엄마에게 아기의 안부를 물었습니다. 아기는 잘 기어 다니며 발달상에도 큰 이상이 없어 보인다고 했습니다.

Q&A

태어난 지 20일 된 아기가 하루 종일 울어요. 모유 수유를 하다가도 울어서 산후조리원에서 울보로 통했어요. 왜 우리 아기는 울기만 하는 걸까요? 잠도 자지 못하고 하루 종일 아기를 안고만 있습니다.

아기는 열 달 동안 엄마 배 속에서 평화롭게 지냈습니다. 그러다 세상에 태어난 후 난생처음 듣는 소리, 난생처음 보는 사물 등 낯선 환경으로 심한 스트레스를 겪게 되지요. 스트레스 상황에서 얼마나 자주, 크게 우는지는 아기의 타고난 기질에 따라 다르지만 대부분의 아기들이 울음으로 스트레스를 표현합니다.

자신의 의사를 말로 표현하는 것에 익숙한 어른이 울음으로 표현하는 아기의 마음을 읽기까지는 시간이 필요합니다. 아기를 많이 다루어본 사람은 울음 소리의 차이를 구별하고 아기의 말을 이해할 수 있지만 초보 부모에게는 어려운 일이지요.

아기가 온종일 운다고 느끼는 것은 실제로 아기가 계속 우는 것이 아니라 엄마의 몸과 마음이 힘들어서 그렇게 느끼는 경우도 있습니다. 아기가 울음으로 하는 말을 정확하게 이해할 필요는 없습니다. 기저귀가 젖었다거나 배가 고파서 울기보다는 세상에 태어나 적응하는 과정이 힘들어서 운다고 생각하고 달래주면 됩니다.

엄마 배 속에서 느꼈던 것과 같은 물속에서의 흔들림은 아기에게 위로를 주는 말걸기입니다. 아기가 엄마 배 속에서 들었던 '쉬쉬' 하는 물소리를 들려주는 것도 '불안해하지 마'라는 메시지를 전하는 효과적인 말걸기입니다. 자신을 둘러싼 모든 것이 낯선 아기에게는 아기에게 익숙한 방식으로 부모의 메시지를 전달하는 게 큰 위로가 됩니다.

3

생후 3개월에서 5개월까지
(2개월 16일 ~ 5개월 15일)

아기에게
표정과 말투로 말걸기

"

엄마, 아빠 얼굴이 잘 보여요?
미소도 보이지요?
엄마와 눈을 맞추고
얼굴을 보며 이야기해요.

"

생후 3개월에 접어들면 아기는 상대방의 표정을 또렷하게 볼 수 있습니다. 얼굴의 움직임과 목소리의 변화로 양육자의 기분을 알아차리기도 합니다. 자신을 쳐다보는 사람이 엄마인지, 아빠인지 혹은 낯선 사람인지도 구별할 수 있지요. 말을 거는 사람의 얼굴과 목소리를 연결해서 인지하기도 합니다. 생후 1~2개월에 비해서 시각자극과 청각자극에 대한 분별력 역시 월등해집니다. 고개를 가누기 시작하므로 보고 싶은 것, 소리가 나는 곳을 향해 고개를 돌릴 수도 있습니다. 생후 3~5개월에 접어든 아기는 적극적으로 세상을 탐구해나가기 시작합니다. 따라서 양육자도 아기에게 적극적인 말걸기를 시도해야 하는 시기이지요. 옹알이가 점점 늘어나지만 아기의 기질에 따라 옹알이의 양은 다릅니다. 아기가 덜 웃고 옹알이가 적다고 해도 양육자와 눈만 잘 맞춘다면 너무 걱정하지 않아도 괜찮습니다.

● ● ● ● ● ● 1 ● ● ● ● ● ●
아기는 표정을 보고
소리를 들어요

눈 **표정을 관찰할 수 있어요**

아기는 생후 3개월이 되면 눈에서 20센티미터 앞의 사물을 볼 수 있습니다. 아기는 눈에 보이는 장난감을 잡고 싶어 하지만 아직 팔과 어깨가 독립적으로 움직이지 않아 손을 뻗어 장난감을 잡지 못합니다. 생후 4개월 정도가 되면 손을 뻗어서 눈앞의 장난감을 잡을 수 있습니다. 늦어도 생후 5개월이 되면 책상 위의 콩알도 볼 수 있을 만큼 시각이 발달합니다. 작은 것을 볼 수 있을 정도로 시력이 좋아지므로 생후 4개월 무렵에는 양육자가 표정을 지을 때 변하는 얼굴 근육의 미세한 움직임도 알아차릴 수 있게 되지요. 양육자의 표정이 다양한 경우 아기는 좀더 유심히 얼굴에 시선을 맞추고 관찰합니다.

이를 이용하여 양육자는 여러 표정으로 다양한 말걸기를 할 수 있습니다. 아기가 불안해할 때 양육자가 여러 방식으로 웃는 얼굴을 보여주면 아기는 '괜찮아, 걱정하지 마'라는 메시지로 이해하고 위로를 받습니다. 익숙한 얼굴과 목소리로 말을 거는 행동은 아기에게 더욱 의미 있게 다가갑니다. 양육자의 웃는 얼굴과 다정한 목소리는 아기가 마음의 안정을 찾는 데

▲ 생후 1~2개월에 관심을 보이는 삐쭉삐쭉 튀어나온 그림

▲ 생후 3~5개월에 관심을 보이는 사람 얼굴

크게 도움이 됩니다.

생후 1~2개월까지 아기는 안정적인 모양의 무늬보다 삐쭉삐쭉 튀어나온 무늬에 주목합니다. 생후 3개월부터는 균형감 있는 사람의 얼굴에 큰 관심을 보입니다. 이때 친척이나 이웃이 집에 자주 놀러 오면 사람에 대한 아기의 관심이 더욱 높아집니다.

사람의 얼굴을 보고 익숙한 사람인지 아닌지를 분별하므로 낯선 사람은 아기가 신뢰감을 느낄 때까지 충분히 시간을 주고 기다려야 합니다. 아기가 예쁘다고 낯선 사람이 갑자기 다가가 안으면 아기는 심한 불안감을 느낍니다. 그러므로 아기가 불안해하지 않도록 아기와 1미터 이상 떨어진 곳에서 아기가 좋아하는 장난감을 가지고 논다거나 부드러운 표정을 보여주세요. 아기는 상대방이 자신에게 해를 끼치지 않을 것 같다고 판단하면 양육자의

품에서 벗어나 낯선 사람을 향해 몸을 기울입니다. 그때까지 기다려주세요. 아기가 신뢰감을 느끼기 전에 피부 접촉을 시도하면 아기에게는 위협적인 메시지로 전달됩니다.

기질적으로 사람에 대한 호기심이 많은 아기는 낯선 사람에 대한 관심이 많고 먼저 웃어주거나 팔을 내밀면서 놀아달라는 메시지를 전달하기도 합니다. 심지어 낯선 사람이 안으면 양육자가 안았을 때보다 표정이 더 밝아지는 아기도 있습니다. 이 경우 초보 양육자들은 내 아기가 나보다 낯선 사람을 더 좋아한다고 생각해서 애착 형성에 문제가 있는 것은 아닐까 불안해하기도 합니다. 아기가 웃으면서 낯선 사람에게 다가가는 행동은 애착 관계의 문제가 아닙니다. 아기가 먼저 말을 거는 것은 낯선 사람에 대한 호기심이 많은 기질 때문입니다. 그러니 아기가 먼저 말을 걸어올 때는 상대방도 아기에게 다정하게 답해주어야 합니다.

낯선 사람을 경계하거나 좋아하는 행동은 양육자의 얼굴과 낯선 사람의 얼굴을 구별한다는 의미이기도 합니다. 기질적인 특성으로 낯선 사람과의 상호작용을 즐기는 아기를 보며 샘내거나 불안해할 필요는 없습니다. 이 시기의 아기를 처음 만났을 때 아기가 낯을 가린다면 멀리서 지켜보고, 아기가 안기고 얼굴을 관찰하기를 즐긴다면 웃는 얼굴을 보여주면 됩니다.

귀 단순한 소리를 들을 수 있어요

아기는 태어난 이후 매우 빠른 속도로 청각이 발달합니다. 소리는 상호작용을 위한 매우 중요한 수단으로, 눈으로 보지 못해도 소리를 들을 수 있다면 의사소통 능력을 키울 수 있습니다. 그러므로 아기에게 다양한 소리를 들려주며 편안함을 주는 말걸기를 시도해야 합니다.

생후 5개월 이전에는 아직 단어의 의미를 이해하지 못합니다. 가령 엄마를 부르는 말이 '엄마'라는 사실이나 강아지를 가리키는 말이 '멍멍이'라는 것을 모릅니다. 따라서 이 시기의 아기에게 말을 길게 할 필요는 없습니다. 아기에게 말을 걸 때는 간단한 말과 표정으로 메시지를 전달하는 것이 좋습니다. 말을 길게 하면 아기는 말의 의미를 이해하지 못하고 '뚜뚜뚜뚜~' 같은 단순한 소리로만 인지합니다.

어조의 변화가 있는 즐거운 소리 자극은 아기가 양육자에게 집중할 수 있도록 도와줍니다. 하지만 생후 5개월 이전의 아기는 오랜 시간 동안 상대방의 말에 집중할 수 없습니다. 그러므로 이 시기의 아기에게는 되도록 짧게, 악센트를 넣어서 말을 걸어주세요.

피부 **피부자극에 덜 놀라요**

생후 3개월이 지나면 생후 1~2개월 때와는 달리 피부에 자극이 주어질 때 온몸을 움직이는 현상은 많이 줄어듭니다. 옷을 입히거나 벗길 때 아기가 이전보다 덜 놀라므로 육아가 한결 쉬워집니다. 구부러진 자세로 태어난 몸이 서서히 펴지기 시작하므로 두 다리를 펴는 마사지를 해주어도 이전보다 덜 놀라지요. 피부에 물이 닿는 자극에도 전보다 스트레스를 받지 않아 목욕을 놀이로 받아들입니다.

움직임

혼자 목을 가눌 수 있어요

생후 3개월이 지나면 아기는 스스로 목을 가눌 수 있습니다. 자신의 몸을 일부분 통제하게 되면서 아기는 강도가 좀더 센 움직임도 즐깁니다. 아기가 칭얼거릴 때 아기를 안은 채 무릎을 굽혔다 폈다 움직여보세요. 이 움직임은 아기에게 안정감을 전달합니다. 아기가 기분이 좋을 때는 아기의 허리를 안아서 움직이거나 두 손으로 안정되게 잡고 머리 위로 올려주면 즐거워합니다.

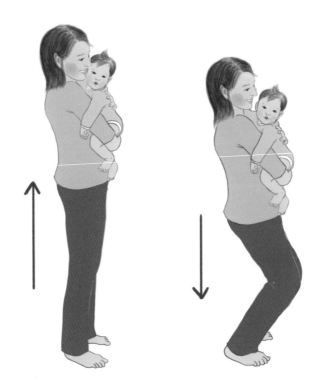

▲ 무릎을 굽혔다 폈다 하면 전정기관이 자극되어 아기가 안정감을 느낀다

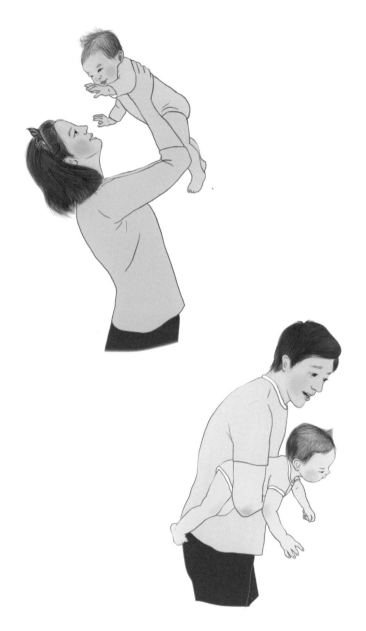

▲ 아기가 즐거워하는 전정기관 자극놀이

● ● ● ● ● **2** ● ● ● ● ●

아기는 더 힘껏 움직여요

기분이 좋을 때　**옹알이가 늘어요**

생후 3개월이 되면 아기의 옹알이가 점점 늘어납니다. 아기가 먼저 말을 걸어주므로 양육자도 아기를 따라 옹알이를 하게 됩니다. 아기가 먼저 양육자의 눈을 맞추고 옹알이를 하는 순간에는 육아로 쌓인 피로가 싹 가시지요. 하지만 기질에 따라서 표정이 많지 않고 옹알이도 전혀 하지 않으며 멀뚱멀뚱 관찰만 하는 아기도 있습니다. 이런 기질의 아기는 귀엽지만 키우는 재미는 상대적으로 덜하기도 합니다.

▲ 표정이 없는 아기

▲ 표정이 많은 아기

77

기분이 나쁠 때 **몸짓으로 거부해요**

생후 3개월이 지나고 목을 가누게 되면 아기는 스트레스 상황에서 등에 힘을 준 채 상체를 뒤로 젖히기도 합니다. 생후 5개월 정도가 되면 고개를 양 옆으로 흔들면서 거부 의사를 표현하지요. 아기는 분명히 몸으로 '싫다'라는 메시지를 전달하는데 양육자는 대부분 '아기가 왜 이러지?' 하면서 아기의 메시지를 무시합니다. 아기는 표정과 몸짓으로 자신의 의사를 표현하므로 양육자는 아기가 움직임으로 전달하는 의미를 이해하려고 노력해야 합니다. 다음 행동은 아기가 '싫다'라는 의사를 행동으로 표현하는 것이므로 잘 살펴보고 아기의 말을 이해하고 대처해 주세요.

| 아기가 뭔가 마음에 들지 않을 때 하는 행동 |

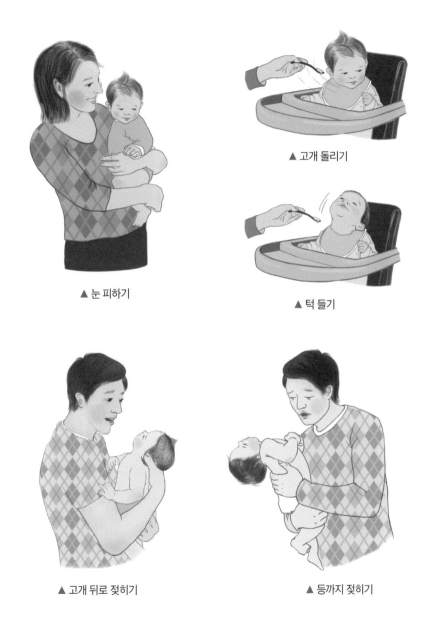

▲ 눈 피하기

▲ 고개 돌리기

▲ 턱 들기

▲ 고개 뒤로 젖히기

▲ 등까지 젖히기

●●●●● 3 ●●●●●
아기의 말걸기에
응답해 주세요

거부 반응을 보일 때

까다로운 기질의 아기는 양육자가 안으면 등에 힘을 주고 버티기도 합니다. 아기가 버티면 초보 양육자는 더 강한 힘으로 아기를 안으려고 합니다. 아기를 안으려고 할수록 아기는 등에 힘을 더 주게 되므로 양육자와 아기의 기싸움이 시작됩니다. 안았을 때 아기가 힘을 주고 버틴다면 바닥에 잠깐 내려놓으세요. 그리고 힘을 주지 않을 때 다시 아기를 안아 올립니다. 그때 아기가 또 버티려고 한다면 다시 바닥에 내려놓으세요. 이 행동을 반복하면, 아기는 등에 힘을 주면 바닥으로 내려가게 되고 자신이 원하는 스킨십도 얻지 못한다는 사실을 인지하고 더 이상 힘을 주지 않습니다.

아기를 바닥에 내려놓는 행동은 아기에게 '이제 그만. 떼를 부리지 말아요'라는 메시지가 전달되는 일종의 말걸기입니다. 양육자의 말을 정확히 알아듣기 어려운 생후 3~5개월의 아기는 행동으로 전달되는 메시지를 더 쉽게 이해할 수 있습니다. 아기에게 "그만해. 엄마 힘들어. 왜 자꾸 허리를 젖히는 거야?"라고 말해봐야 이 시기의 아기가 이를 알아듣고 행동을 바꾸지는 못합니다.

울거나 칭얼거릴 때

아기가 양육자의 얼굴을 마주 보며 운다면 미소를 지으며 "괜찮아. 조금만 기다려요" 하고 안아주세요. 이때 아기를 거칠게 안지 않도록 조심합니다. 아기는 양육자의 거친 태도로 불안감을 느낄 수 있습니다. 아기를 안아줄 수 없는 상황이라면 불안해하지 말라고 따뜻한 목소리로 이야기해줍니다.

아기가 칭얼거릴 때는 여러 이유가 있지만, 심심함을 표현하기 위해 칭얼거리기도 합니다. 그럴 때는 아파트 현관이나 동네 어귀에 아기를 안고 나가보세요. 엘리베이터 앞에 앉아서 타고 내리는 사람들을 관찰하는 놀이도 좋습니다. "우와, 아저씨가 내리네", "형아가 집에 들어간다" 등의 이야기를 건네며 아기의 심심함을 달래주세요. 지루해서 칭얼거리는 것은 단순한 떼가 아닙니다. 밖으로 나가 새로운 세상을 보고 싶다는 의미이지요. 그러므

로 아기가 칭얼거린다고 무조건 재우려고 하지 마세요. 아기는 놀고 싶다고 말하는데 잠을 자라고 답하는 것과 같습니다.

옹알이할 때

이 시기의 아기는 옹알이가 많아집니다. 옹알이할 때는 아기를 캐리어에 앉히고 눈을 맞춰주세요. 아기에게 다양한 표정과 목소리로 "응, 그랬어요~ 알았어요"라고 밝게 응답하는 것이 바람직합니다. 아기의 옹알이에 미소만 보이고 자리를 피하면 아기는 자신의 옹알이에 양육자가 긍정적으로 화답했다고 느끼지 못합니다. 힘들고 바쁜 상황이라도 "그래요~" 하고 아기에게 한마디를 더 해주고 자리를 뜨는 것이 좋습니다.

아기는 가끔 모빌을 보면서 옹알이하기도 합니다. 이는 모빌과 대화를 나누고 있는 것이므로 가만히 지켜봐 주세요. 아기의 집중을 방해할 수 있으므로 모빌을 흔들지 않도록 합니다.

4
엄마에게는
주변의 도움이 필요합니다

백일이 지난 아기는 새로운 사람을 접할 일이 점점 많아집니다. 집에 놀러 오는 사람들의 얼굴, 표정, 몸짓과 목소리, 그들이 입은 옷을 관찰하며 아기는 새로운 세상을 만나게 됩니다. 아기는 점점 성장하고 있지만, 엄마의 몸은 완전히 회복되지 않은 시기입니다. 따라서 집을 방문하는 사람들은 아기의 선물보다 엄마의 선물을 사는 센스가 필요합니다. 집에서 혼자 아기를 돌보는 엄마는 밥을 제대로 챙겨 먹지 못할 때가 많으므로 맛있는 음식을 포장해 간 후 엄마가 먹을 동안 아기와 눈을 맞추며 놀아주는 것도 큰 도움이 됩니다.

이 시기의 아기를 키우다 보면 손목에 통증을 느끼는 경우가 많습니다. 아기의 무게는 점점 무거워지지만 아직 혼자서 몸을 가누지는 못하므로 양육에 많은 에너지가 소모됩니다. 체력이나 관절이 약한 엄마들은 산후 우울증에 육아 우울증까지 겹치기 쉽습니다. 육아는 노동입니다. 아기를 양육하는 일은 육체적, 정신적으로 긴장되는 노동의 연속이지요. 주변에 육아를 도와주는 사람들이 많다면 엄마는 그나마 웃는 얼굴로 아기에게 말을 걸 여유가 있습니다. 엄마가 건강해야 아기에게 의미 있는 말걸기가 가능하므로 엄마가 휴식을 취하고 힘을 얻기 위해서는 주변의 도움이 필요합니다.

| 손목 마사지 방법 |

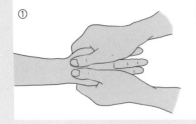

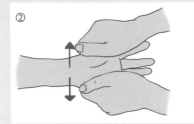

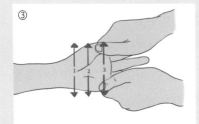

1 엄마의 손바닥을 양손으로 잡고 엄지손가락으로 손바닥을 가로로 눌러준다. 속도는 빠르지 않게 하면서 손바닥을 세 부분으로 나눠 마사지한다 (3회 반복).

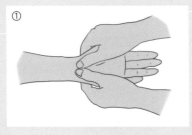

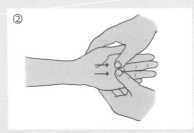

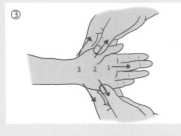

2 손바닥을 양손으로 잡고 엄지손가락으로 세로로 눌러준다. ③번 그림처럼 손바닥을 세 부분으로 나눠 마사지를 3회 반복한다.

3 한 손으로 엄마의 손을 잡고 나머지 한 손의 엄지손가락으로 엄마의 손가락을 하나씩 꾹꾹 눌러준다. 엄지손가락부터 시작하여 새끼손가락까지 마사지한다. 손가락을 누를 때는 손가락 가운데와 손끝을 자극하며 꾹꾹 눌러준다.

4 엄마의 손목을 잡고 손바닥 방향으로 천천히 빨래 짜듯이 살짝만 비틀어준다.

5 엄마의 손과 깍지를 끼고 나머지 한 손으로 손목을 잡는다. 손등의 뼈 사이와 손가락을 지압한다.

"생후 4개월 된
아기가 너무 순해서 불안해요"

아기가 먼저 말을 걸어오지 않아 힘이 빠진다는 것은
양육자가 많이 지쳐 있다는 의미입니다.
양육자의 몸과 마음이 지치면 아기의 행동을 부정적으로 해석하게 됩니다.
특히 무뚝뚝한 기질의 아기를 키우는 경우
육아에 쉽게 지칠 수 있으므로 주변에 적극적으로 도움을 요청하세요.

강연 중에 한 엄마가 생후 4개월 된 아기가 전혀 웃지 않는다며 아기에게 문제가 있는 것인지 물었습니다. 남편이 얼굴에 표정이 많은 사람이냐고 되물었더니 그렇지 않다고 하더군요. 엄마 역시 말투로 보아 표정이나 목소리의 변화가 다양한 활발한 성격으로 보이지는 않았습니다. 아기가 목을 잘 가누고 눈을 맞추는 데 이상이 없다면 부모의 성격을 닮아 표정이 많지 않을 가능성이 높아 보였습니다.

하지만 엄마는 본인이 많이 웃으면 아기도 많이 웃어줄 것이라는 생각에 항상 노력했습니다. 산후 우울증을 겪으면서도 웃어주려고 그토록 애썼는데 정작 아기는 별 반응이 없어 심한 양육 스트레스에 시달리고 있었습니다. 아기의 표정에 변화가 없어 양육이 힘들겠다며 공감하자 엄마가 울기 시작했습니다.

주변에서는 아기를 마냥 귀엽다고 하는데 왜 엄마인 자신만 힘들다고 느꼈는지 그 이유를 알게 되었기 때문입니다.

육아 예능 프로그램이 많아지면서 TV 속 아기들과 자신의 아기를 비교하는 부모들이 있습니다. 특히 방송을 통해서만 아기를 봐온 초보 부모들은 모든 아기가 빵끗빵끗 웃고 옹알이도 많이 하는 줄 압니다. 자신의 아기도 그럴 것이라고 기대하지요. 하지만 TV 속 아기들은 연예인인 부모의 기질을 닮아 표정의 변화가 다채롭고, 시청률을 위해서 표현이 활발한 아기들만 프로그램에 섭외하기도 합니다. 하지만 이러한 속사정을 모르는 초보 부모들은 모든 아기가 항상 웃고 옹알이도 잘한다고 오해합니다.

생후 3개월 이후에 옹알이를 많이 하지 않고 표정의 변화가 적어도 목을 스스로 가누고 눈을 잘 맞춘다면 정상적으로 크고 있는 것입니다. 그리고 생후 5개월이 되면서 아기의 옹알이가 점차 줄어들기도 하는데, 이는 정상적인 발달 과정 중 하나로 언어발달이 지연되는 것이 아닙니다.

간혹 옹알이가 줄어들면서 기분이 좋을 때 '꺅' 하고 소리를 지르는 아기들이 있습니다. 마치 불만을 표하는 것처럼 들리지만 자신의 기분을 표현하는 것이므로 소리를 지르지 못하게 막을 필요는 없습니다. 옹알이를 기대하고 있던 초보 부모들은 아기가 갑자기 소리를 지르면 많이 당황합니다. 아직 엄마가 산후 우울증에서 벗어나지 못한 경우 아기의 고함을 마치 자신을 공격하는 소리로 느끼기도 하지요. 그래서 아기는 기분이 좋다고 내는 소리를 제대로 알아듣지 못하고 "소리치지 마!"라며 공격적으로 맞받아치기도 합니다. 만일 이 시기의 아기가 소리를 지르는 것이 공격적으로 느껴진다면 양육자가 육체적, 정신적으로 많이 지친 것으로 이해하고 지인이나 전문가의 도움을 구해야 합니다.

언어발달
Q&A

Q 생후 4개월 된 아기를 키우고 있습니다. 아기가 아침마다 기분 좋은 표정으로 제 얼굴을 보며 옹알이를 했었는데, 갑자기 아침에 하던 옹알이가 현저히 줄었어요. 원인이 무엇일까요?

A 아기의 옹알이는 형태가 바뀌며 발달합니다. 생후 5~6개월 무렵에는 '엄마', '맘마' 등 의미 없는 짧은 말로 옹알이를 합니다. 이러한 변화가 나타나기 전에 아기는 활발하게 하던 옹알이를 잠시 중단하기도 합니다. 생활에 큰 변화 없이 자연스럽게 옹알이가 줄었다는 것은 아기가 다음 단계로 발달하려고 하는 신호입니다. 아기의 옹알이가 줄어도 웃는 얼굴로 적극적인 말걸기를 지속하는 것이 좋습니다.

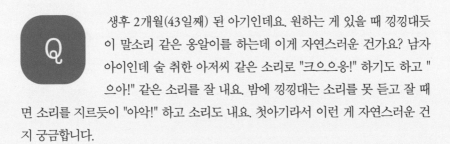

Q 생후 2개월(43일째) 된 아기인데요. 원하는 게 있을 때 끙끙대듯이 말소리 같은 옹알이를 하는데 이게 자연스러운 건가요? 남자 아이인데 술 취한 아저씨 같은 소리로 "크으으웅!" 하기도 하고 "으아!" 같은 소리를 잘 내요. 밤에 끙끙대는 소리를 못 듣고 잘 때면 소리를 지르듯이 "아악!" 하고 소리도 내요. 첫아기라서 이런 게 자연스러운 건지 궁금합니다.

A 강하게 자기 마음을 표현하는 기질을 가진 아기 같습니다. 이 시기에는 아직 입술 주변의 운동기능이 '말'을 할 수 없기 때문에 다양한 형태의 소리로 아기의 감정을 표현하는 것입니다. 생후 2개월이면 목구멍에서 나는 소리를 내는 시기이므로 '술 취한 아저씨'의 목소리가 나오게 되는 것입니다. 생후 6개월이

지나면서는 '마', '바'와 같은 소리로 자기를 표현하게 될 것입니다. 정상 언어표현력이므로 걱정하실 필요는 없습니다.

 생후 60일 된 아기인데 사람과 눈 맞춤이 없고 배냇짓 웃음 말고는 웃음을 본 적이 없어요. 성격적으로 이렇게 안 웃는 아기도 있나요? 모빌은 잠깐 보는듯하고, 사물을 보려고 두리번두리번하고, 불빛은 보는데 사람은 안 보고 눈 맞춤도 안 돼요. 옹알이도 우는 소리 외에는 울려고 시작할 때 내는 소리 외엔 울음소리밖에 안 내네요. 너무 걱정인데 눈 맞춤과 옹알이를 늦게 시작하는 아기도 있을까요? 아니면 검사를 해봐야 할까요? 너무 걱정돼요.

아기가 웃지를 않으니, 어디가 아픈 건지 걱정이 되고, 변은 여태까지 녹변만 보고 있고, 먹는 시간과 자는 시간 외에 깨어있을 때는 기분 좋게 눈떠있는 시간이 없고 계속 울어요.

 우선 계속해서 녹색 변을 본다면 병원을 방문해서 아기의 건강 상태를 먼저 확인해 보세요. 속이 불편해서 잘 웃지 않고 울기만 할 수도 있기 때문입니다. 건강한 상태인데 눈 맞춤을 안 하고 계속 울기만 하더라도 목 가누기가 생후 2개월 수준에 맞게 진행된다면 생후 4개월까지는 기다려주세요. 생후 4개월이 되면 아기는 더 적극적으로 눈을 맞출 수 있습니다. 건강 상태도 정상이고 아기의 목 가누기도 정상적으로 이루어지는데 잘 웃지 않는다면, 얼굴 표정이 선천적으로 많지 않은 아기의 기질적 특성으로 이해하면 됩니다. 아마도 엄마, 아빠나 가족 중에 무뚝뚝하고 조용한 성격을 갖고 있는 분이 있을 것 같습니다.

생후 6개월에서 14개월까지
(5개월 16일 ~ 14개월 15일)

말로 말걸기의 시작

"

사람이 하는 말과
단순한 소리를 구별할 수 있겠니?
사람과 물건, 동작들을
표현하는 말이 있단다.
엄마, 아빠 등에 업히는 건 '어부바',
할머니가 주는 밥은 '맘마'야.

"

생후 6개월이 되면 아기는 사람의 말소리와 주변의 소리를 구별하기 시작합니다. 간단한 단어를 인지하게 되므로 아기가 관심을 가지는 단어를 말하면 알아듣고 돌아보기도 하지요. 자신이 즐거움을 느끼는 사물의 이름부터 알게 되므로 아기가 좋아하는 음식이나 장난감의 이름을 말하면 반응을 보입니다. 거기에 다양한 목소리와 표정까지 더해지면 아이는 좀더 쉽게 말을 이해하게 됩니다. 예를 들어 '까까'를 말할 때는 맛있다는 표정을 짓고 '붕붕이'라고 말할 때는 자동차가 굴러가는 몸짓으로 아기의 언어이해를 도와야 합니다. 그러므로 이 시기부터 양육자의 활발한 연기력이 필요합니다.

아기의 기질과 입술 주변의 운동능력에 따라 언어를 표현하는 능력은 큰 차이를 보입니다. 아기가 선천적으로 말이 많지 않고 주로 관찰하는 성향이거나 입술 주변의 움직임이 어려운 경우, 말은 알아들어도 입 밖으로 그 말을 따라 하지는 않습니다. 따라서 이 시기 아기의 언어발달은 얼마나 말을 많이 하느냐가 아니라 얼마나 말을 알아듣느냐에 초점을 맞춰야 합니다.

생후 6개월부터 아기는 눈으로 보고 귀로 듣고 몸으로 느낀 것을 양육자가 전달하는 말로 이해할 수 있습니다. 따라서 아기가 감각적으로 경험한 것을 말로 다시 표현해 주는 것이 매우 중요합니다. 아기가 양육자의 말귀를 알아들을 수 있기 때문에, 드디어 '말로 말걸기'를 시도할 수 있습니다. 이때 아기가 많은 단어를 이해하면 초보 양육자는 아기의 언어능력이 매우 우수하다고 오해하기 쉽습니다. 하지만 이 시기에는 문법을 이해하는 신경망이 활발해지는 것이 아니라 감각자극을 통해 인지한 내용을 말로 표현하고 이해하는 능력이 활성화됩니다. 그러므로 이 시기에 많은 단어를 이해한다고 해서 훗날 문법적인 이해가 필요한 긴 문장도 원활하게 이해하는 것은 아닙니다. 선천적으로 언어발달에 어려움을 보이는 장애아들도 이 시기에는 감각자극을 말로 표현해주면 무리 없이 알아듣습니다. 이 시기부터 아기에게 말로 말걸기를 시도하면서 문법적인 이해가 가능한지는 생후 24~32개월까지 지속적으로 관찰해야 합니다.

●●●●●● 1 ●●●●●●
아기는
말을 알아들어요

눈

눈으로 보는 사물의 이름을 알아요

생후 6개월이 되면 아주 작은 물건도 볼 수 있을 정도로 시력이
발달합니다. 바닥에 떨어진 밥풀을 줍고 머리카락을 손으로 잡을 수도 있지
요. 얼굴의 작은 부분도 세세하게 살펴볼 수 있으므로 낯선 사람의 얼굴을
뚫어지게 관찰하며 관심을 보이기도 합니다. 매일 보는 가족 구성원은 얼굴
을 보고 누구인지 구분하여 인지하기 시작합니다. 부모의 결혼사진을 보여
주면 사진 속의 사람이 엄마, 아빠라는 것을 알고, 거울을 보여주면 거울 속
의 사람이 자기 자신임을 인식할 수 있습니다.

생후 8개월 이후에는 집 안에서 자주 접하는 물건에 이름이 있다는 사
실을 알게 됩니다. 아기가 좋아하는 물건을 중심으로 이름을 알려주면 아기
는 서서히 눈으로 보이는 사물과 단어를 연결하여 인지합니다. 생후 8개월
이전에는 눈에 보이는 장면과 귀로 들리는 소리로 세상을 이해했다면 이제
는 '말'로 세상을 이해하기 시작합니다.

생후 14개월이 되면 매일 접하는 물건의 이름은 거의 다 알게 됩니다.
생후 6개월부터 알려주지 않았다 하더라도 생후 14개월부터 사물의 이름을

알려주기 시작하면 매우 빠른 속도로 단어를 습득합니다. 아기가 좋아하는 물건의 이름을 말해주는 놀이를 통해 아기의 언어이해력을 발달시킬 수 있습니다. 이 시기에는 엄마, 아빠, 형, 할머니 등 같이 생활하는 가족의 호칭도 인지하게 됩니다. 함께 사는 사람이 많은 경우 눈에 보이는 가족 구성원과 단어를 연결시킬 기회가 빈번하므로 아기의 언어이해력 향상에 큰 도움이 됩니다.

귀 말과 소리를 구분해요

생후 14개월이 가까워지면 아기는 주변에서 나는 작은 소리를 구별할 수 있습니다. 예를 들어 청소기 소리와 초인종 소리, 전화기에서 나는 소리의 차이를 알고 구분하게 됩니다. 따라서 이 시기에는 아기에게 소리의 의미를 말로 알려주는 노력이 필요합니다.

딩동댕,
피아노 쳐요

  아기는 양육자가 의미를 전달하고자 하는 '말'과 주변에서 나는 단순한 '소리'를 모두 듣습니다. 빠르면 생후 6개월에서 보통 생후 9개월이 되면 아기는 자신에게 들리는 소리가 의미를 지닌 말인지, 아니면 단순한 소리인지를 분별하게 되지요. 이 시기에는 양육자가 몸으로 행동을 취하지 않아도 '어부바'라고 말하면 아기는 무슨 의미인지 알아듣습니다. 마찬가지로 음식을 보여주지 않고 '맘마'라고 말해도 아기는 그 말의 의미를 이해하고 반응하지요. 언어이해력이 빠르게 발달하는 아기들은 '엄마' 하면 엄마를 쳐다보고 '아빠' 하면 아빠를 쳐다봅니다. '물' 하면 물을 찾으려 하고, '나가자'라고 말하면 현관으로 기어가기도 합니다.

  다만, 아기가 단어를 알아듣는다고 해서 긴 문장으로 이야기해서는 안 됩니다. TV에서 할머니가 이제 막 기어다니기 시작한 생후 8개월 된 손자

를 돌보는 장면이 방송되었습니다. 할머니는 손자를 작은 아기 의자에 앉힌 후 재미있는 그림이 가득한 동화책을 보여주고 있었지요. 아기가 다음 그림을 보기 위해 책장을 자꾸 넘기려고 하자 할머니는 '가만있어봐'라고 말하며 책에 적힌 문장을 아기에게 읽어주었습니다. 할머니의 시선은 책에 닿아

뚜 뚜뚜뚜 뚜뚜뚜뚜 〜

있으니 손자가 하는 행동과 반응을 관찰할 수 없었습니다. 아기는 책장을 못 넘기게 하는 할머니와 몸싸움을 하다 이기지 못하자 결국 의자를 벗어났습니다. 할머니는 손자에게 책을 읽어주겠다는 일념으로 쫓아갔지만, 아기는 계속 도망갔습니다. 할머니는 결국 책 읽어주는 것을 포기하고 말았지요.

이런 상황은 아기의 발달단계를 생각하면 당연한 일입니다. 생후 8개월의 아기에게는 긴 문장의 말은 단순한 소리로 들릴 뿐 그 의미를 이해하지 못합니다. 책을 보여주고 싶다면 문장이 아닌 간단한 단어로만 이루어진 그림책을 선택하세요. 많은 사람들이 아기가 듣지 않더라도 책을 읽어주면 언어발달에 도움이 될 거라는 생각으로 듣지도 않는 아기에게 책을 읽어주느라 애를 쓰다가 결국엔 포기합니다. 긴 문장의 동화책보다 사물의 이름과 그림이 함께 있는 낱말 카드를 이용하는 것이 이 시기 아기의 언어발달에 효과적입니다.

피부 피부로 느끼는 감각을 말로 익혀요

큰 근육 운동발달이 빠른 아기들은 생후 6개월에 기어다니기도 합니다. 늦어도 생후 10~12개월이 되면 대부분의 아기들은 스스로 몸을 움직여서 기어다닐 수 있습니다. 아기의 활동 범위가 넓어지면서 아기는 양육자가 의도치 않은 여러 느낌의 물건들을 만지게 됩니다. 가령 뜨겁거나 차가운 물건을 처음 만진 아기는 놀란 마음에 울면서 그 물건으로부터 멀리 떨어집니다. 이렇게 아기가 피부로 느끼는 감각에 대해서 양육자가 반복적으로 "뜨거워", "차가워" 하고 말해주면 아기는 피부로 느꼈던 그 감각을 말로 익히게 되지요. 아기가 식탁에 머리를 찧었을 때 "아파요" 하고 말해주면 아기는 지금 자신이 느끼는 불쾌하고 고통스러운 감각을 '아파요'라고 표현한다는 것을 알게 됩니다. 이유식을 먹을 때 "맛있어요" 하고 말해주면 입안에서 느껴지는 감각을 표현하는 말이 '맛있어요'라는 것을 배우는 것이지요. 이렇듯 생후 6개월부터는 아기가 느끼는 감각에 대해서 양육자가 말로 표현해주려는 노력이 필요합니다.

아이,
차가워!

움직임 　흔들림을 즐겨요

일반적으로 부드러운 움직임은 아기에게 긍정적인 메시지로, 과격한 움직임은 공격적인 메시지로 전달됩니다. 아기가 기어다니기 시작하면 흔들림을 즐기는 신경망이 발달하여 이전과 달리 적극적으로 움직이는 것을 좋아하게 되지요. 이를 이용하여 양육자는 아기를 안은 채 살짝 움직이면서 감정을 말로 전달할 수 있습니다. 예를 들어 아기가 즐길 수 있을 정도로 살살 흔들면서 "재밌다"라고 말하거나 낯선 움직임에 겁을 먹은 아기에게는 "무서워요? 미안해요"라고 말해주는 것입니다. 물론 아기는 아직 '재밌다', '무섭다'라는 단어를 문법적으로 이해할 수 없습니다. 하지만 아기가 느끼는 감정을 양육자가 대신 말해주면 아기는 자신의 감정을 나타내는 말을 학습할 수 있습니다.

재밌어요?

무서워요?
미안해요

2
아기는
몸으로 표현해요

기분이 좋을 때 **활발한 몸짓으로 표현해요**

생후 6~14개월까지 아기는 기분이 좋으면 말을 많이 하거나 표정에 즐거움이 나타납니다. 팔을 벌리고 바둥거리거나 손에 쥔 장난감으로 바닥을 쳐서 소리를 내기도 하고 갑자기 장난감을 던져버리곤 하지요. 앉은 자세에서 상체를 움직이며 춤을 추기도 합니다.

이 시기의 아기는 간단한 말은 알아듣지만 말로 자신을 표현할 수는 없으므로 갑자기 소리를 지르거나 장난감을 던지는 행동으로 자신의 즐거움을 나타냅니다. 하지만 양육자는 아기의 행동을 긍정적인 감정 표현으로 해석하지 못하고 공격적인 메시지로 느끼기도 합니다. 아기는 양육자가 당황했다는 것을 눈치채지만 말로 표현할 수 없으므로 다시 행동으로 양육자에게 말을 하려 합니다. 하지만 양육자의 입장에서는 아기가 자신의 메시지를 전달하려는 것인지, 단순히 말썽을 부리는 것인지 분별하기가 어렵습니다. 아기가 즐거워한다고 느껴지면 "기분이 좋구나"라고 아기가 하고 싶은 말을 대신해주는 지혜가 필요합니다. 아기는 우리에게 몸짓으로 말을 걸어옵니다. 양육자는 몸으로 말을 걸어오는 아기를 향해 말로 말을 걸어주어야 합니다.

격하게 움직이며 울어요

이 시기의 아기 역시 우는 것으로 자신의 기분을 표현합니다. 생후 3~5개월에는 단순히 머리를 돌리거나 등을 젖히는 동작으로 거부 의사를 드러냈다면 생후 6개월부터는 울면서 바닥에 엎드리거나, 바닥을 구르고 도망가는 행동으로 거부의 메시지를 나타냅니다. 이 시기의 아기는 자신의 몸을 제어할 수 있어 상대방을 때리거나 자신의 머리를 바닥에 박는 등 격한 행동으로 기분이 나쁘다는 것을 표현하기도 하지요. 상대방의 말을 못 들은 척한다거나 계속 눈을 맞추지 않고 회피하는 행동으로도 부정적인 기분을 전달합니다.

바닥을 구르거나 장난감을 던지면서 울거나 엄마를 때리는 등의 모든 행동은 '싫다'라는 아기의 마음을 보여주는 방법일 뿐입니다. 이러한 아기의 행동은 만 5세 전후로 사라집니다. 이 시기의 아기는 행동으로 자신의 마음

| 아기가 기분이 나쁠 때 하는 행동 |

▲ 물건을 던지면서 화를 낸다

▲ 머리를 박으며 운다

▲ 다른 곳으로 도망간다

▲ 엄마의 눈을 피한다

을 말하는데 양육자도 똑같이 소리를 지르거나 때리면 아기의 공격적인 표현이 더 오래 지속될 수 있습니다. 아기의 공격적인 표현 방법이 싫다는 메시지를 전달하고자 할 때는 아기와 똑같이 공격적으로 대응해서는 안 됩니다. 아기가 공격적인 행동을 할 때 양육자는 다른 방으로 피하거나 멀리서 지켜보는 것이 오히려 아기에게 '이제 그만하자'라는 의미로 전달됩니다.

●●●●● 3 ●●●●●
양육자의
연기력이 필요해요

이유식을 먹일 때

아기에게 이유식을 먹일 때도 양육자의 연기력이 필요합니다. 아기가 이유식을 먹으며 미소 짓는다면 맛있다는 것이므로 그 감정을 말로 대신 표현해 주세요. "아이, 맛있어"라고 웃는 얼굴로 말하며 몸을 살짝 흔들어 아기에게 즐겁다는 의미를 전달해야 합니다.

양육자가 웃으면서 "먹자"라고 한다면 아기는 '먹다'의 의미는 모르지만 표정을 통해 양육자가 자신의 기분을 공감하고 있다고 느낍니다. 반대로 이유식을 먹지 않겠다며 거부 반응을 보인다면 "아이, 먹기 싫어요"라고 아기가 하고 싶은 말을 대신해 주세요. "안 먹으면 이 밥 치워버린다"라고 말하면 아기는 양육자가 하는 말의 의미를 이해하지 못합니다. 아기는 그저 양육자가 화가 났다는 사실만 인지할 뿐입니다. 아기가 하고 싶어 하는 말을 대신해 주세요.

| 공격적인 아기의 행동에 대처하는 방법 |

▲ 아기가 엄마를 때리면 거리를 두고 멀리서 지켜보세요

겁을 먹었을 때

아기의 마음과 걸맞은 표정, 몸짓을 곁들여 대신 말해주는 것이 이 시기의 가장 바람직한 말걸기 방법입니다. 겁을 먹은 아기에게는 "무서웠어요? 미안해요"라고 말하며 아기를 안아주세요. 이때 양육자 역시 두려운 표정으로 아기의 마음을 공감하고 표현해주는 것이 중요합니다. 웃는 얼굴로 말하면 양육자의 표정과 말의 의미가 맞지 않아 아기에게 혼란을 줄 수 있습니다. 아기의 무서움에 공감해주는 목소리 톤과 표정이 중요합니다.

놀아줄 때

새로운 장난감을 많이 접하게 되는 시기입니다. 아기에게 장난감을 새로 보여줄 때는 "이게 종이야. 딸랑딸랑 종!"이라고 하면서 장난감의 이름을 반복해서 말해주세요. "백화점에서 산 정말 재밌는 장난감이야. 흔들면 딸랑딸랑 소리가 나는 종이야" 하고 길게 이야기하지 않도록 주의하세요. 아기는 양육자가 전달하고자 하는 말의 의미를 이해하지 못하므로 단순한 소음으로 인지하고 무시하게 됩니다.

같은 맥락으로 그림책을 보여줄 때도 길게 그림을 설명하려 들지 마세요. 그림책을 보여줄 때는 책 속 그림을 가리키며 단어를 반복적으로 말해주세요. 예를 들어 "이게 곰이에요. 곰!" 하고 말하면 아기는 '곰'이라는 단어를 그림과 함께 인지할 수 있습니다. "산속에 멋진 곰이 살고 있어요. 배가 고파서 할아버지 집으로 내려왔네요"라는 식으로 길게 그림을 설명하면 아기는 양육자의 말을 이해하지 못합니다.

●●●●●● 4 ●●●●●●
가사도우미의
도움을 받으세요

생후 6~14개월의 아기는 자신의 몸을 제어하고 스스로 이동할 수 있습니다. 그래서 목도 가누지 못하는 아기를 안고 당황하던 초보 양육자의 불안도 많이 사라지는 시기이지요. 반면 아기의 체중이 늘어나고 아기 스스로 움직일 수 있게 되어 아기를 안고, 업고, 기저귀를 갈고, 옷을 입히고 벗기는 일상적인 육아에 더 많은 체력이 필요해집니다. 체력이 약한 엄마는 아기와 하루 종일 함께하는 생활에 육아 우울증을 겪기도 합니다. 아기는 이리저리 다니기 시작하고, 이유식을 만드는 등 많은 시간과 노력을 요하는 일이 늘어나다 보니 몸과 마음이 서서히 지쳐가는 것이지요.

육아에 지친 엄마들에게 가사도우미의 도움을 받으라고 적극 권합니다. 하지만 많은 엄마들이 아직 아기도 어린데 집에 다른 사람을 들어오게 하는 게 불편하기도 하고, 출산 이후 몸도 어느 정도 회복되었는데 비용을 지불하면서 가사도우미의 도움을 받는 것이 게으른 여자처럼 보일까 봐 괜히 망설여진다고 말합니다. 어린이집에 보내기에도 아기가 너무 어리고 결국 혼자서 가사와 육아를 감당하며 남편의 퇴근만 기다리게 된다고 말하는 사람도 있습니다. 남편들 역시 힘들어하는 아내를 위해 퇴근 후 육아와 가사를 돕기도 합니다. 하지만 몸과 마음이 지친 아내는 남편의 도움을 크게 느끼지 못합니다. 남편도 아내의 내조를 받지 못하다 보니 점점 지치고 무기력해지기 쉽습니다.

생후 6~14개월의 아기를 돌보는 일은 엄마와 아빠 단둘이서 온전히 감당하기에는 너무 힘든 노동입니다. 아기는 점차 활발해지고 호기심도 많아지므로 점점 더 바깥으로 나가고 싶어 합니다. 익숙한 사물보다 새롭게 경험하는 사물의 이름을 알려줄 때 오히려 더 빨리 익히기도 하지요. 이런 이유로 아기와 충분히 놀아주어야 하는데, 양육자가 지치면 바깥으로 나가기는커녕 아기에게 말 한마디 건네는 일조차 힘들게 느껴집니다. 양육자는 아기에게 충분한 자극을 주지 못하고 방치하는 것은 아닐까 하는 생각에 죄책감에 시달리기도 하지요.

많은 양육자들이 돈을 들여 고가의 아기 옷과 장난감을 구입합니다. 하지만 아기 용품에 소비하는 비용을 과감히 줄여 가사도우미의 도움을 받는 편이 낫습니다. 초보 양육자의 입장에서 아기를 어린이집에 보내는 것이 엄두가 안 난다면 양육자의 휴식과 좀더 효율적인 육아를 위해 가사도우미를 활용하기를 권합니다. 일주일에 한 번 혹은 한 달에 한 번이라도 가사도우미의 도움을 받아 집 안을 정리하면 양육자는 육아에 대한 부담을 많이 덜 수 있습니다. 아기에게 한마디라도 더 건네기 위해서는 양육자의 에너지가 충분히 충전되어야 합니다. 이를 위해 가사 노동에 지친 스스로를 회복시켜줄 지혜가 필요합니다.

"아기의 표정에
아무런 변화가 없어요"

아기의 무뚝뚝함은 발달상의 문제가 아니라 부모의 기질을
닮은 것일 수도 있으니 먼저 부모의 성격을 돌아보세요.
부부가 서로의 기질을 이해하는 것은 부부 간 갈등을 막고,
아기를 이해하는 길이기도 합니다.

한 엄마가 생후 9개월 된 아기를 안고 연구소를 찾아왔습니다. 그 엄마는 아기를 키우기가 너무 힘들고 남편은 육아가 얼마나 고된 일인지 전혀 이해해주지 않는다고 하소연했습니다. 그리고 방긋방긋 잘 웃는 다른 아기들과는 달리 자신의 아기에게는 표정의 변화가 없어서 혹여나 발달상의 문제가 있는 것은 아닐까 걱정된다고 했습니다.

발달 검사 결과 아기의 언어이해력은 9개월 수준이었으나 시각적인 분별 능력은 최대 12개월 수준이었습니다. 표정의 변화는 많지 않았지만 새로운 상황을 보면 오래 관찰하면서 깊게 사고하는 기질의 아기였지요.

상담을 진행하다 보니 아기의 이러한 기질은 아빠를 닮아 그런 것이었습니다. 이런 특성을 가진 사람은 말이 많지 않습니다. 객관적인 상황을 설명하는 것

은 잘하지만, 자신의 느낌을 말로 표현하는 것은 매우 어려워합니다. 특히 상대에게 공감이나 위로의 말을 잘 건네지 못하지요. 이런 특성을 가진 사람들은 말없이 설거지나 청소를 해주는 것으로 아내에게 애정을 표현합니다. 스트레스를 받는 상황에 놓이면 자리를 피하고 더 이상 말하려 하지 않습니다. 아기 역시 발달 검사 중에 스트레스를 받으면 짜증을 내거나 울기보다는 그저 자리를 피하려고만 했습니다. 아기 아빠도 스트레스를 받으면 아내와 거리를 두고 게임을 하거나 새벽에 혼자 드라이브를 나간다고 했고요.

스트레스를 받으면 대화를 통해 해결하고 싶은 아내는 자신을 피하는 남편 때문에 더 화가 난다고 털어놓았습니다. 말로 표현하기보다는 상황을 지켜보고 판단하며 원인을 분석하는 기질을 타고난 사람들은 스트레스 상황에서 말을 많이 해야 하는 사람들과 원활하게 소통하기 힘듭니다. 남편과의 의사소통이 어려운 아내는 남편을 닮은 아기와도 소통하기 어려웠던 것입니다.

말을 하며 스트레스를 푸는 기질의 엄마가 말로 짜증을 많이 낸다는 것은 육아가 힘들다는 것입니다. 우선 엄마가 쉴 수 있어야 한다고 판단했습니다. 본인의 몸이 덜 힘들면 아기와 남편을 이해하는 힘이 커지기 때문이지요. 엄마를 도와줄 사람이 있는지 물어보니 다행히 시어머니가 직원을 몇 명 데리고 식당을 운영한다고 했습니다. 또한 가게에 아기를 데려가면 엄마를 찾지 않고 잘 논다고 했습니다. 표정이 많지 않고 깊게 사고하는 기질을 타고난 아기는 생후 9개월이 되면 반복적인 움직임이 일어나는 상황을 관찰하면서 뇌에 신경망을 만들어갑니다. 아기가 직원들의 얼굴과 목소리, 이름을 인지하는 것은 언어발달에도 큰 도움이 됩니다. 가게가 한가한 시간에 아기를 데리고 가면 시어머니나 직원들이 아기를 번갈아 돌봐줄 수 있고 엄마도 휴식을 취할 수 있습니다.

"엄마가 복직하고 난 후 아기의 옹알이가 줄었어요"

아기의 옹알이가 갑자기 줄었다고 언어발달상의 문제가 생긴 것은 아닙니다.
자연스러운 현상이니 놀라지 마세요.
옹알이의 양은 성인이 되었을 때의 언어능력과 크게 상관이 없습니다.

생후 6개월 이후부터 아기의 옹알이가 급격하게 줄어 불안한 마음으로 연구소를 찾은 엄마가 있었습니다. 아기의 옹알이가 줄어든 시점이 하필이면 엄마가 직장에 복귀한 이후부터라서 엄마는 혹시나 자신의 얼굴을 보지 못해 아기가 우울해진 것은 아니냐며 초조해했습니다.

발달 검사 결과, 아기의 언어이해력과 언어표현력은 모두 생후 6개월 수준으로 정상적인 언어발달을 보이고 있었습니다. 생후 6개월인 다른 아기들과 비교했을 때도 아기는 옹알이를 많이 하는 편이었지만, 아기 엄마는 옹알이가 많이 줄었다고 느끼고 있었습니다. 하지만 생후 6개월에 옹알이 횟수가 줄었다는 한 가지 증상만으로 아기가 우울해한다고 할 수 없습니다.

우울감에 빠진 아기는 사람의 눈빛을 피하고 주변을 적극적으로 탐색하려

112

고 하지 않으며, 잘 먹지도 않습니다. 하지만 연구소에 온 아기는 잘 먹고 낯선 환경을 탐색하면서 옹알이를 하는 모습을 보였습니다. 또한 엄마가 복직한 후 주 양육자가 된 외할머니는 아기에게 익숙한 사람이므로 엄마와의 분리불안이 심해질 이유가 없었습니다.

생후 6개월이 되면 옹알이의 형태가 생후 3~4개월 때와는 다릅니다. 생후 3~4개월의 아기가 옹알이로 자신의 기분을 표현한다면, 생후 5개월부터는 옹알이가 줄어들고 가만히 상황을 살펴보다가 미소를 짓거나 소리를 지르는 형태로 표현이 바뀌는 경우가 많습니다. 따라서 엄마의 복직 때문에 아기의 옹알이 횟수가 줄었다고 보기는 어렵습니다. 오히려 회사에 복직한 엄마가 아기에 대한 미안함으로 계속 아기에게 다가가서 말을 걸고 놀아주려고 했던 행동이 아기를 당황하게 하여 엄마를 피하게 만들었을 수도 있습니다.

영유아기 옹알이의 양은 5세 이후의 언어발달과 상관관계가 크지 않습니다. 엄마가 없는 시간에도 외할머니와 잘 놀고 행복해한다면 생후 6개월 아기의 옹알이가 줄어들었다고 해서 아기의 우울증이나 언어발달을 걱정할 필요는 없습니다. 엄마가 계속 아기를 키웠어도 생후 6개월경에는 자연스럽게 옹알이가 줄어들 수 있기 때문입니다.

Q&A

생후 10개월 된 아기입니다. 아기가 고집이 센지 잠투정이 심하고 한 번 울면 울음을 멈추지 않습니다. 울음을 그칠 때까지 방치해야 하는지, 아니면 우선 안아서 울음을 그치게 해야 하는지 훈육 방법이 궁금합니다.

선천적으로 자기주장이 강하거나 고집이 센 아기들은 생후 10개월에 스트레스를 받으면 큰소리로 긴 시간 울기도 합니다. 생후 10개월 된 아기는 자신이 원하는 바를 말 대신 울음으로 표현하므로 아기의 안타까움을 이해해 주고 야단은 치지 않는 것이 좋습니다. 만약 아기가 원하는 것을 하지 못해 심하게 운다면 등을 돌려서 '안 된다'라는 메시지를 강력하게 전달하세요. 반면에 잠투정으로 우는 아기는 도닥이면서 달래주어야 합니다.

아기가 알아듣지 못하는 말을 길게 하면 오히려 아기는 스트레스를 더 받으므로 주의해야 합니다. 한 방송에서 아기를 돌보던 아빠가 생후 9개월 된 아기에게 "안 돼!"라고 말하며 몸을 돌려 등을 보이는 모습이 나왔습니다. 이 시기의 아기는 '안 돼!'라는 아빠의 말을 이해하지 못하므로 아기의 떼를 받아주지 않겠다는 아빠의 의도를 몸짓으로 표현한 것입니다. 생후 9개월 된 아기에게 "네가 떼를 써도 아빠는 들어주지 않을 거야"라고 말해도 아기는 당연히 알아듣지 못합니다. 하지만 몸짓으로 나타내면 아기에게 아빠의 의도가 충분히 전달됩니다. 훈육은 양육자의 생각과 느낌을 전달하는 일입니다. 말로 훈육하기 어려운 시기이므로 행동으로 양육자의 마음과 생각을 전달해야 합니다.

생후 12개월 된 아기를 키우고 있습니다. 아기가 스트레스를 받으면 진짜 울지는 않고 우는 소리만 냅니다. 아니면 몸을 버둥거려서 그 상황을 벗어나려고 하거나 소리를 질러요. 가짜 울음을 우는 아기가 얄밉습니다. 왜 이렇게 소리를 지르는 걸까요?

생후 12개월이면 울음을 가짜로 연기할 수 있습니다. 우는 소리를 내는 것도, 몸을 버둥거리는 것도 아기 입장에서는 '싫다'라는 의사를 부모에게 전달하는 것입니다. 가짜 울음을 운다고 아기가 얄밉게 느껴지는 것은 양육자가 육아에 지쳐 아기를 아기로 보지 않고 연기를 하는 어른으로 보고 있다는 증거이기도 합니다. 생후 12개월 된 아기는 가짜 울음, 버둥거림, 소리 지름으로 충분히 자신의 의사를 표현합니다. 양육자가 힘들다고 해서 강압적인 방법으로 가짜 울음을 막거나 몸을 버둥거리지 못하게 한다거나 소리를 지르지 않게 할 수는 없습니다. 숨을 깊게 쉬고 가능한 한 심하게 야단치지 않도록 노력해야 합니다. 양육자가 밥을 잘 챙겨 먹지 못했는지, 잠을 잘 자지 못했는지 등 양육자의 스트레스 요인이 무엇인지 살펴보는 것도 중요합니다.

생후 15개월에서 24개월까지
(15개월 16일 ~ 24개월 15일)

말로 말하되
짧은 문장으로 말하기

> **"**
> 말은 아직 한마디도
> 못해도 괜찮아.
> 네 표정과 몸짓으로
> 무슨 말을 하려는 것인지
> 이해할 수 있단다."
> **"**

아기가 '말'을 이해하는 속도가 빨라지는 시기입니다. 아기가 말귀를 잘 알아듣는 것 같다고 해도 천천히 또박또박 이야기해주세요. 말에 몸짓을 더해서 전달하면 아기는 양육자가 하려는 말의 의미를 좀더 쉽게 파악할 수 있습니다. 훈육할 때는 아기가 하지 말아야 할 행동에 대해서 너무 길게 이야기하지 않도록 주의하세요. 아기는 양육자가 자신의 행동을 제지하려 한다는 사실에 스트레스를 느껴 길게 설명하는 말을 이해하려고 노력하지 않습니다. 안 된다는 부정적인 메시지를 전할 때는 짧게 말해주세요. 즐거운 상황에서는 아기가 잘 이해하고 있는지 살피면서 긴 문장으로 이야기해보는 것도 좋습니다. 단, 이야기가 있는 그림책을 읽어줄 때는 아기가 단순히 그림과 양육자의 목소리를 즐기는 것인지, 아니면 내용을 제대로 이해하고 좋아하는 것인지 확인해야 합니다.

아기의
어휘력이 늘어요

눈치가 발달해요

생후 15개월이 되면 아기는 주변 사물의 이름을 대부분 인지합니다. 일상에서 자주 쓰는 '앉아', '가자', '먹어' 등의 간단한 동사도 이해할 수 있습니다. 하지만 생후 24개월 이전에는 의미를 가지고 있는 말과 단순한 소리를 구분하지 못하는 아기들도 있으므로 말할 때 간단한 동작을 취해주면 큰 도움이 됩니다. 손을 앞으로 내밀면서 "주세요"라고 말하거나 양손을 머리 위로 올리면서 "사랑해요"라고 말하면 그 의미가 더 강하게 전달되는 것이지요. 따라서 가능하면 모든 말에 크고 작은 동작을 첨가하는 것이 아기의 언어이해력을 높이는 방법입니다.

생후 15개월이 지나면 자신에게 이익이 될지, 엄마가 얼마나 화났는지 등을 파악하는 수준의 단순한 눈치가 아니라, 양육자가 나에게 전하려는 메시지를 알아차리는 수준 높은 눈치가 발달합니다. 아직 긴 문장의 문법적인 의미를 확실하게 이해하는 것은 아니지만, 말과 함께 동작으로 같이 표현하면 아기는 양육자의 동작을 보며 의미를 추측할 수 있습니다.

그래서 이 시기의 아기와 이야기할 때는 마치 외국인과 대화하듯 다양한 몸짓과 표정, 소리 등을 연기해서 아기의 이해를 돕는 친절한 말걸기가 필요합니다. 양육자의 동작을 보고 의미를 추측하면서 아기의 눈치와 언어 이해력이 발달합니다. 연기력을 발휘하여 아기에게 말을 걸어주세요.

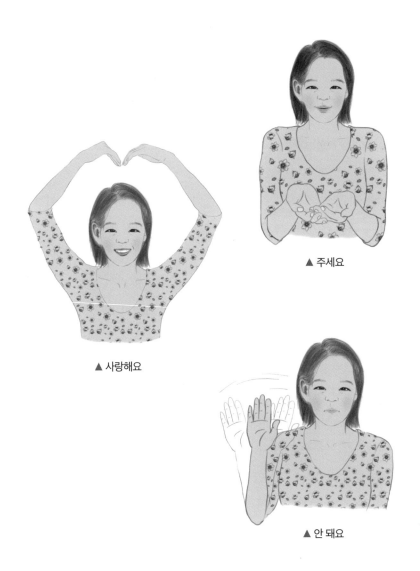

▲ 사랑해요

▲ 주세요

▲ 안 돼요

120

| 아빠가 배가 고파서 부엌에서 밥을 먹어야 해요 |

▲ 아빠가 배가 고파서

▲ 부엌에서

▲ 밥을 먹어야 해요

여러 가지 단어를 귀로 익혀요

귀

생후 15~24개월의 아기는 대개 '말'과 '소리'를 확실하게 구분할 수 있습니다. 일상에서 자주 마주치는 사물의 이름을 알려주면 모두 이해할 수 있지요. 대가족인 경우 할머니, 할아버지, 이모, 고모, 삼촌 등 그 호칭의 의미도 알게 됩니다. 그러므로 새로운 사람을 만날 때는 그 사람을 부르는 구체적인 호칭을 아기에게 이야기해 주어야 합니다. 가령 이웃의 아기 엄마들을 모두 '이모'라고 부르기보다 'ㅇㅇ이모'라고 개별적인 호칭을 붙여 부르는 것이지요.

이제 아기는 신체 부위의 이름도 배웁니다. 자주 듣는 신체의 명칭을 먼저 인지하는데, 신발을 신을 때 '발'이라는 말을 자주 들으면 그 단어가 자신의 발을 지칭하는 단어임을 알게 됩니다. 그러므로 아기를 씻긴 후 로션을 발라주며 신체 부위별로 단어를 알려주는 놀이를 하는 것이 좋습니다.

| 신체 부위별 단어를 알려주는 놀이 |

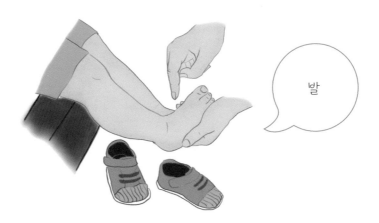

▲ 발을 가리키며 '발'이라고 말해주세요

▲ 손을 가리키며 '손'이라고 말해주세요

▲ 배를 만지며 '배'라고 말해주세요

▲ 배꼽를 가리키며 '배꼽'이라고 말해주세요

▲ 머리를 가리키며 '머리'라고 말해주세요

'앉다', '먹다', '나가다' 등 동작을 나타내는 간단한 단어와 '예쁘다', '무섭다', '재미있다' 등 상황을 묘사하는 단어도 이해할 수 있습니다. 다음의 그림들처럼 동작과 표정들로 단어의 의미를 전달하면 아기는 좀더 쉽게 단어를 받아들입니다.

▲ 먹다

▲ 세수하다

▲ 잠을 자다

생후 17개월이 지나면 아기는 소유격을 이해합니다. 자신이 알고 있는 사물과 사람의 호칭을 연결할 수 있지요. '엄마 신발, 아빠 가방' 등을 알고 정확히 가리킬 수 있습니다. 아기가 17개월이 지났는데 소유격을 이해하지 못한다고 조급해하지 마세요. 지속적으로 알려주기만 한다면 24개월 이후에는 소유격의 의미를 파악할 수 있습니다.

말 자극에 관심이 많은 아기는 생후 24개월이 되면 사물 이름과 더불어 사물의 세부 이름까지 알게 됩니다. 예를 들어 '강아지'와 '강아지 꼬리'의 차이를 구분하는 것이지요. 이 시기에는 강아지를 보며 '강아지'라고 하기보다 '강아지 꼬리', '강아지 발' 등 세부 명칭을 말해주는 것이 좋습니다. 자동차 역시 단순한 단어가 아니라 '자동차 바퀴', '자동차 문'처럼 세부적으로 말해주는 것이 언어발달에 효과적입니다.

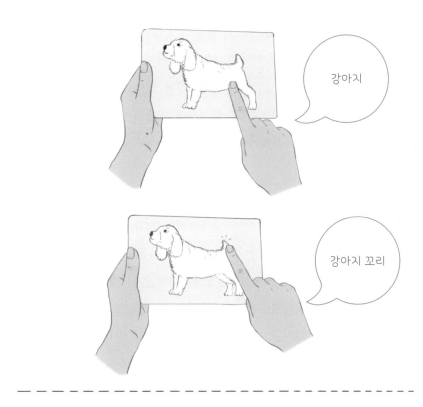

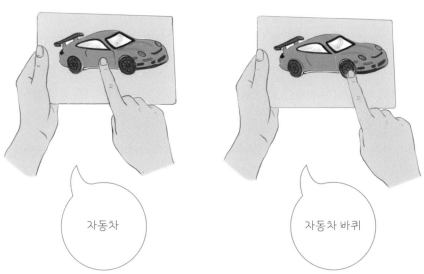

이 시기의 아기가 이름을 부르면 돌아보지 않는다고 걱정하는 양육자가 많습니다. 이름을 불렀을 때 쳐다보지 않는 아기도 본인이 좋아하는 간식을 말하면 뒤돌아봅니다. 이름을 부르는 양육자에게 시선을 돌렸을 때 만족할 만한 결과를 얻게 되면 아기는 계속 돌아보겠지만 그저 자신을 시험하기 위해서 이름을 부른다는 사실을 인지한 후에는 양육자가 불러도 더 이상 반응하지 않습니다.

아기를 불러도 돌아보지 않으면 양육자는 혹시나 우리 아기가 자폐증은 아닌지 걱정하기도 합니다. 하지만 자폐스펙트럼 장애는 단순히 이름을 불렀을 때 돌아보지 않는 행동 하나로 진단할 수는 없습니다. 아기가 주변 사물의 이름을 이해하고 간단한 심부름을 할 수 있는지 등의 여러 상황을 같이 살펴보아야 합니다. 자폐스펙트럼 장애는 사람과 상호작용하기를 피하는 행동과, 말과 소리의 차이를 구별하지 못하는 증상을 같이 보입니다. 언어발달장애 중 하나인 '수용성-표현성 복합 언어장애'의 경우 단어 이해에는 어려움이 없지만 생후 24개월 이후 문법적인 의미를 이해하지 못하는 증상을 보입니다. 지적 장애 3급은 단순한 단어는 이해하지만 문장을 알아듣지는 못하고, 지적 장애 2급의 경우 사람과 상호작용하는 능력이 떨어집니다.

생후 24개월 이전에는 장애가 의심되어도 우선 적극적으로 표정과 동작을 더해 말을 걸어주세요. 아기에게 긴 문장보다는 간단한 사물의 이름이나 사물의 세부 명칭, 동작을 설명하는 단어 등을 중심으로 말해주세요. 이때 양육자는 동작을 더 많이 곁들여야 합니다. 언어이해력이 발달하지 않았는데 긴 문장으로 계속 말을 걸면 양육자의 말을 단순한 소리로 인식하여 주의를 기울이지 않을 수 있습니다. 지혜로운 말걸기는 아기의 언어이해력 수준에 맞추어 아기가 이해할 수 있도록 말하는 것입니다.

단비야~

과자다!

피부

스킨십으로 메시지를 전달해요

생후 15개월 이후 아기는 자신의 힘으로 걷고 뛸 수 있게 되면서 고집이 세집니다. 아직 말의 의미를 명확히 파악하지 못하기 때문에 양육자가 말로만 훈육하면 정확한 메시지가 전달되지 않아 아기는 양육자의 말을 듣지 않습니다. 그 때문에 양육자가 아기의 몸을 잡아서 '안 된다'라는 메시지를 강하게 전달하는 일이 빈번하게 발생합니다.

양육자의 거친 스킨십으로 아기는 자신의 행동을 양육자가 마음에 들어 하지 않는다는 메시지를 전달받을 수 있습니다. 순종적인 아기는 팔을 잡고 움직이지 못하게 하는 정도의 스킨십으로도 행동이 수정되지만, 공격적인 기질이 강한 아기는 양육자의 거친 스킨십에 몸부림치기도 합니다. 이때는 아기의 몸을 강하게 잡기보다 아기를 부드럽게 안고 다른 장소로 옮겨 가는 행동으로 아기에게 양육자의 메시지를 전달할 수 있습니다. 아기용 울타리나 유아안전문 같은 아기의 행동을 제지할 수 있는 장치를 해놓는 것도 좋습니다. 단, 훈육이 끝난 후에는 아기를 살포시 껴안아 미안하다는 메시지를 꼭 전달해 주세요.

| 스킨십으로 메시지를 전달하는 방법 |

▲ 아기의 팔을 잡아 움직이지 못하게 한다

▲ 아기를 들쳐 업고 자리를 이동한다

▲ 유아안전문을 사용하여 아기의 행동을 제지한다

▲ 훈육이 끝나면 아기를 껴안아준다

움직임 **활발한 움직임을 즐겨요**

생후 15개월 이후 아기는 평형 감각이 발달하여 몸이 흔들리는 자극을 즐기게 됩니다. 양육자가 자극을 주지 않아도 아기는 빨리 뛰기, 높은 곳에 올라가서 뛰어내리기, 경사진 곳 걷기, 공차기 등의 움직임을 통해 스스로 균형 감각을 발달시킵니다. 따라서 활발하게 움직이는 놀이를 함께 하면 아기는 양육자가 자신을 사랑하고 보호한다는 느낌을 받게 되어 애착 관계를 형성하는 데 도움이 됩니다.

▲ 생후 15~24개월 아기가 좋아하는 움직임

● ● ● ● ● ● 2 ● ● ● ● ● ●

아기는
단어로 말해요

생후 15~24개월 아기는 언어표현력 발달 정도에 차이를 보입니다. 말을 한 마디도 하지 못하는 아기가 있는가 하면 문장으로 말을 하는 아기도 있습니다. 하지만 아직 입이 트이지 않은 아기도 자신이 말하고 싶은 메시지를 상대방에게 전달하려고 애쓰는 시기입니다.

적극적인 성격의 아기는 아직 말을 못한다 할지라도 다양한 표정 변화와 행동으로 자신의 의견을 표현합니다. 이런 기질의 아기를 키우는 양육자는 아기와 소통하는 데 큰 어려움을 느끼지 못하지요. 하지만 선천적으로 소극적인 아기는 표정의 변화가 많지 않아 양육자가 아기의 의도를 파악하기 어렵습니다. 더욱이 이런 아기는 자신의 의도를 표현하기 어려워지면 상황을 회피하는 경향을 보입니다. 당연히 양육자는 아기의 마음을 읽기 힘들어지고 상호작용 역시 쉽지 않습니다. 게다가 운동능력이 발달하는 시기이므로 의사 표현은 하지 않고 도망가기 바쁜 아기를 보며 양육자는 자신의 말을 듣지 않는다고 느껴져 답답하기만 합니다.

아직 말을 하지 못하는 아기는 상호작용을 위해 몸으로 자신을 표현하는 '베이비 사인 Baby sign'을 사용합니다. 베이비 사인은 크게 세 종류로 나눌 수 있 습니다. 어른의 몸짓을 익히기 전에 본능적으로 사용하는 베이비 사인, 어른의 몸짓을 따라 표현하는 베이비 사인, 아기가 이해한 상황을 나름의 몸짓으로 표현하는 베이비 사인이 있습니다. 아기와 양육자가 베이비 사인으로 상호작용이 가능해지면 말을 하지 않아도 행동으로 서로의 마음을 전달할 수 있어 큰 성취감을 느낄 수 있습니다.

아기가 스스로 만들어내는 베이비 사인은 자신의 상상력을 발휘한 것이므로 아기의 행동을 꾸준히 관찰하면 그 의미를 이해할 수 있습니다. 하지만 아주 작은 몸짓으로 표현하므로 아기의 행동을 주시하지 않으면 아기가 몸짓으로 하는 말의 의미를 파악하는 것은 거의 불가능합니다. 하루 종일 아기를 쫓아다니며 관찰하는 일은 고되지만, 어느 순간 작은 행동으로 아기가 하려는 말의 의미를 알게 되었을 때 그 기쁨은 이루 말할 수 없습니다.

맞벌이 부부이거나 다른 자녀가 있어 아기의 행동을 세밀하게 관찰하기 어려운 경우에는 먼저 양육자가 하려는 말을 행동으로 표현해 주어야 합니다. 타고난 기질에 따라서 양육자가 하는 행동을 빨리 모방하고 쉽게 활용하는 아기가 있는가 하면 그렇지 않은 아기도 있습니다. 양육자의 행동을 따라 하지 않는다 하더라도 행동으로 표현해 주면 아기는 양육자의 의도를 쉽게 파악합니다. 그러므로 꾸준히 아기에게 행동으로 말을 걸어주세요.

스크리닝 수준(몇 개의 항목으로 발달 수준을 빨리 평가하는 도구)의 발달 평가에서는 생후 15개월에는 10개, 생후 18개월에는 50개, 생후 20개월에는 150개, 생후 24개월에는 200개의 단어를 말하는 것이 표준입니다. 하지만 이 시기의 언어발달에서 중요한 포인트는 얼마나 많은 단어를 소리 내어 말할 줄 아는가가 아니라 그 단어들을 얼마나 제대로 이해하느냐입니다. 따라서 아기가 양육자의 표정과 행동으로 의도를 이해하고, 주변 사물의 이름과 간단한 말을 알아듣는다면 말을 하지 못한다고 해서 너무 불안해하지 마세요. 오랜 임상 경험으로 판단해 보면 생후 15~24개월 아기의 언어발달 능력을 평가할 때 언어표현력은 포함되지 않아도 좋다고 생각합니다. 이 시기의 언어발달 수준을 평가하는 기준은 언어를 표현하는 능력이 아니라 이해하는 능력이기 때문입니다.

| 베이비 사인의 예 |

▲ 먹을 것을 원할 때

▲ 물고기를 표현할 때

▲ 불안할 때

▲ 불빛을 표현할 때

기분이 좋을 때   **기질에 따라 표현하는 방법이 달라요**

아기는 말이 트이면 기분이 좋다고 스스로 말합니다. 하지만 대부분 아직까지는 표정과 몸의 움직임으로 기분이 좋다는 메시지를 표현합니다. 그러니 이 시기에도 여전히 양육자는 아기의 표정과 몸짓을 세밀히 관찰하려고 노력해야 하지요. 대개 미소나 웃음, 활발한 움직임으로 좋다는 표현을 하지만 기질적으로 잘 웃지 않거나 쑥스러워하는 아기는 기분이 좋으면 고개를 숙이는 경우도 있습니다. 이렇듯 아기마다 즐거움을 표현하는 표정과 몸짓이 다르므로 오랜 시간 아기를 관찰하고 있어야 아기의 작은 사인으로 표현되는 감정을 이해할 수 있습니다.

▲ 기분이 좋을 때 활짝 웃는 아기와 쑥스러워하는 아기

기분이 나쁠 때 **부정적인 단어로 표현해요**

단어로 말을 할 수 있는 아기는 "싫어"라고 표현합니다. 자신이 하고 싶은 일을 못 하게 하면 "미워", "맴매" 등의 말도 할 수 있지요. 이 시기의 아기가 양육자에게 하는 언어 표현은 '싫다'라는 자신의 의사를 전달하는 것일 뿐 실제로 양육자를 싫어하거나 애착 관계에 문제가 있는 것은 아닙니다. 따라서 아기의 부정적인 표현에 상처를 받거나 야단치는 실수를 범하지 않도록 하세요. 말이 트였어도 자신의 감정을 나타내는 정확한 표현을 모르기 때문에 아기가 하는 말을 그대로 받아들일 필요가 없습니다.

아직 말이 트이지 않는 아기는 자신의 의사를 표정과 몸짓으로 표현합니다. 부정적인 의사 표현은 크게 회피형과 공격형으로 구분할 수 있습니다. 아기가 회피하거나 공격적인 형태로 싫다는 표현을 하면 양육자는 대부분 마음에 상처를 받습니다. 아기의 공격적인 행동과 적극적인 회피를 양육자 자체에 대한 거부로 받아들이기 때문이지요. 아기가 양육자의 말을 듣지 않을 때는 숨을 크게 열 번 쉬고, 아기가 행동으로 하는 말을 "싫어요"라고 말로 대신 표현해주는 노력이 필요합니다.

| 회피형으로 거부 의사를 표현하는 아기의 행동 특성 |

▲ 눈 돌리기   ▲ 고개 돌리기   ▲ 몸 돌리기

▲ 엎드리기

▲ 도망가기

| 공격형으로 거부 의사를 표현하는 아기의 행동 특성 |

▲ 눈을 똑바로 쳐다보며 때리기   ▲ 발로 차기

▲ 자기 머리 박기

▲ 버둥거리며 울기

▶ 등을 뒤로 뻗대기

◀ 오줌 싸기

▲ 실신하기

● ● ● ● ● ● 3 ● ● ● ● ● ●

짧고 분명하게
말하세요

칭찬할 때

아기를 칭찬할 때 먼저 "참 잘했어요"라고 말로 표현해 주세요. 아기와 양손을 마주치는 것도 좋습니다. 양육자가 박수를 요란하게 치거나 꽉 껴안는 등의 강한 스킨십은 아기로 하여금 제 나이보다 더 어렸을 때처럼 양육자가 반응해 주기를 기대하게 하므로 자제하세요. 대신 손바닥을 마주치는 하이파이브 같은 칭찬법을 권합니다.

그림책을 읽어줄 때

아기에게 그림책을 읽어줄 때는 "여기 곰이 있네", "곰이 풍선을 가지고 있네"처럼 짧은 문장으로 이야기해 주세요. 특히 언어이해력이 높지 않은 아기일수록 짧게 전달해야 합니다. "여기 봐봐, 곰이 있네. 곰이 파란색 바지를 입고 지금 친구 집에 놀러 가나 봐. 우와! 이 파란색 바지 정말 예쁘다"라고 길게 이야기하면 아기는 말의 의미를 이해하지 못하여 집중하지 않습니다.

말놀이를 할 때

아기가 흥미를 보이는 물건의 이름을 짧게 반복적으로 알려주세요. "자동차, 자동차, 붕붕, 붕붕", "그네, 그네, 흔들흔들"처럼 단어를 말하면서 동작을 첨가합니다. "자동차가 어디 있을까?", "이거 뭐야?" 하는 식으로 이미 아기가 알고 있거나 이전에 답변했던 질문을 다시 묻지 않도록 주의하세요. 아기의 반응을 보고 싶어서 반복적으로 묻는 경우 아기는 양육자의 질문에 흥미를 잃게 됩니다.

베이비 사인을 알아듣지 못해서 아기가 울 때

몸짓으로 자신의 의사를 표현하려고 하는데 양육자가 이해하지 못하면 아기는 답답한 마음에 웁니다. 이때 "말로 해야 엄마가 알아듣지. 울지 말고 말로 해 봐!"라고 다그쳐봐야 아기는 알아듣지 못합니다. 아기에게 유감의 의미가 전달될 수 있도록 "미안해. 무슨 말인지 모르겠어" 하고 양손을 비비면서 용서를 구하는 연기를 해보세요.

양육자를 때릴 때

양육자를 때리는 공격적인 행동으로 자신의 거부 의사를 표출하는 아기도 있습니다. "너 어디서 엄마를 때려", "안 돼!"라고 이야기해도 아기는 엄마의 입장에서 생각하기 어려우므로 그 말을 이해하지 못합니다. 오히려 엄마가 자신의 말을 알아듣지 못한다고 생각하고 더 반항할 수도 있습니다. 그러므로 "뭐가 싫어요?", "그랬구나. 알았어요"라고 아기가 하고자 하는 말을 대신해 주세요. 혹은 "아파요", "싫어요"라는 말로 양육자의 느낌을 간단한 동작과 함께 이야기하는 것도 좋습니다. 아기에게 말할 때 문장의 주어는 '너'가 아니라 '나' 혹은 '엄마'가 돼야 합니다.

어린이집에 가기 싫어할 때

아기가 어린이집에 가기 싫다며 떼를 부릴 때가 있습니다. 이럴 때 "어린이집에 가면 정말 재밌잖아. 친구들도 있고, 선생님도 있고……"라고 들뜬 목소리로 길게 이야기하면 아기는 어린이집에 가기 싫은 자신의 마음을 양육자가 전혀 알아주지 않는다고 생각합니다. 어린이집이 좋은 이유를 설명하는 대신 손으로 비는 모습을 보이며 "미안해요. 어린이집에 가야 해요"라고 반복하여 이야기해 주세요. 양육자가 미안해하는 모습을 보며 아기는 어린이집에 가기 싫은 자신의 마음을 양육자가 공감하고 있다고 느낍니다.

책을 많이 읽어준다고
무조건 말이 빨리 트이는 것은 아니에요

이 시기의 아기가 아직 말을 하지 못하면 양육자는 큰 스트레스에 시달립니다. 비슷한 월령의 아기들은 말을 하기 시작하기 때문에 혹시 자녀에게 문제가 있는 것은 아닐까 우려하기도 합니다. 그림책을 읽어주는 서양의 육아법이 어느새 우리나라에도 보편화되었습니다. 이와 함께 양육자가 아기에게 자주 말을 걸고 그림책을 많이 읽어주면 언어발달 속도가 빨라진다고 인식하게 되었습니다. 그 때문에 아기의 말이 일찍 트이면 양육자가 아기에게 신경을 많이 써준 덕분이라고 여겨지고, 반대로 말이 늦게 트이는 경우 양육자는 자신이 언어자극을 덜 주어서 아기의 발달이 더딘 것이라고 생각하며 죄책감을 느끼게 된 것이지요.

하지만 언어자극을 많이 받았다고 해서 말이 빨리 트이는 것은 아닙니다. 입으로 말을 하기 위해서는 턱관절과 구강 구조 등 물리적인 신체 발달이 선행되어야 합니다. 또한 입술과 혀의 움직임, 숨쉬기, 밥 넘기기 등 여러 운동성을 요하는 동작들 간의 협응이 원활하게 이루어져야 입술을 움직여서 입으로 말을 할 수 있습니다. 말이 늦는 현상은 혀와 입술 주변 작은 근육의 움직임, 호흡을 하는 근육의 움직임, 음식을 넘기는 식도의 움직임 등 여러 운동들이 통합되지 않아 일어나는 것이므로 아기의 운동발달에서 일차적인 원인을 찾아야 합니다.

간혹 아기의 머리가 나빠서 말이 늦게 트인다고 생각하는 양육자들도 있습니다. 하지만 아기의 지능지수는 언어능력만 나타내는 것이 아닙니다. 언어능력뿐만 아니라 비언어 영역의 문제해결 능력까지 측정하는 것이 지능지수입니다. 말에 대한 예민성이 떨어지는 아기는 시각자극이나 청각자극을 인지하는 능력이 뛰어날 수도 있습니다. 책을 읽어주어도 관심이 없고 다른 아기들보다 말이 늦된다고 걱정하지 마세요.

말에 민감하게 반응하지 않더라도 구멍에 막대 넣기, 단순한 퍼즐놀이를 좋아하거나 다양한 자동차, 공룡에 관심을 가진다면 언어 놀이보다 비언어적 놀이를 더 좋아하는 특성을 가진 것입니다. 아기가 아직 말이 트이지 않았지만 비언어적 놀이에 더 관심을 보인다면 양육자는 아기에게 끊임없이 말하기보다 아기가 좋아하는 놀이를 함께해야 합니다. 놀이를 하면서 간단한 사물의 이름과 세부적인 명칭을 알려주세요. 양육자와 애착도 강화되고 아기의 두뇌를 전반적으로 발달시킬 수 있습니다. 말을 이해하지 못하면서 퍼즐놀이에도 관심이 없다면 전문가의 진단이 필요합니다.

유아기의 언어발달 중 아기의 지능과 연관이 깊은 영역은 언어표현력이 아니라 언어이해력입니다. 이 시기에는 비언어 인지능력과 언어이해력을 모두 측정해야만 아기의 지능 수준을 판단할 수 있습니다. 다음은 아기의 비언어 인지능력과 언어이해력의 수준을 집에서 평가할 수 있도록 만든 질문입니다.

[비언어 인지능력]

- 동전 5~7개를 돼지 저금통에 연속해서 넣을 수 있다. → 15 ~ 24개월
- 동그라미, 네모 모양의 퍼즐을 맞출 수 있다. → 14 ~ 23개월

[언어이해력]

- "자동차가 어디 있어?", "우유병 어디 있어?" 등 아기가 아는 물건의 이름을 물었을 때 찾을 수 있다. → 14 ~18개월
- "손 주세요", "발 주세요" 등 신체 부위를 물었을 때 해당 부위를 가리킬 수 있다. → 15 ~ 17개월
- "엄마 코 어디 있어요?", "과자, 엄마 주세요. 과자, 아빠 주세요"를 이해할 수 있다. → 17 ~ 24개월

* 별책부록의 언어이해력 평가를 진행해 보세요

간단한 지시를 알아듣고 자신이 좋아하는 사물의 이름을 알고 있으며 소유격을 이해한다면 아기가 아직 말이 트이지 않았다 하더라도 언어발달에는 문제가 없습니다. 그러므로 말이 늦게 트이는 것에 대해서 걱정하지 마세요. 하지만 아기의 언어이해력이 지연되고 있다면 전문가에게 발달 평가를 받아볼 필요가 있습니다.

아기가 들을 준비가 되어 있을 때 말을 걸어야 합니다. 말이 느린 것이 걱정되어서 듣지 않으려는 아기에게 억지로 그림책을 읽어주면 애착 관계

에 문제가 생기고 아기의 두뇌도 활성화되지 않습니다. 아기가 듣지 않는데도 일방적으로 말하면 양육자의 말이 자신에게 의미가 없다고 생각합니다. 그러므로 아기가 듣지 않을 때 양육자 혼자 중얼거리지 않도록 주의하세요.

이야기를 들려주는 놀이는 글을 깨칠 기회를 갖지 못했던 우리나라 어머니들의 전통적인 언어 놀이입니다. 아기에게 이야기를 들려주다 보면 아기와 눈을 맞추면서 목소리에 변화를 주게 되고 아기의 상태에 따라서 이야기의 전개를 바꿀 수도 있습니다. 하지만 서양의 그림책 육아 문화가 들어오면서 양육자와 아기는 서로의 눈을 바라보는 대신 그림책을 보게 되었습니다. 그림책을 잘 보지 않는 아기와는 눈을 맞추며 양육자의 연기력을 동원한 구연동화를 들려주세요.

▲ 그림책을 볼 때

▲ 구연동화를 들려줄 때

"아무리 훈육을 해도
아기가 변하지 않아요"

24개월 이전의 아기는 스트레스 상황에서
양육자가 길게 하는 말을 이해하지 못합니다.

생후 21개월이 된 아들을 데리고 한 엄마가 연구소를 찾았습니다. 올바르게 키우기 위해 많은 육아 정보를 접하며 노력하고 있는데 정작 아기는 자신의 말을 듣지 않아 스트레스를 받는다고 했습니다. 아기는 자신이 원하는 바를 들어주지 않으면 장소를 불문하고 드러누워 소리를 지르며 위험한 행동들을 계속 했습니다.

이 엄마는 헌신적인 부모 밑에서 바르게 자랐기에 아기 역시 인정과 사랑으로 키우면 바른 행동을 할 것이라고 생각했습니다. 하지만 분명 애정과 관심을 쏟았는데도 아들은 자신의 말을 듣지 않았고, 공공장소에서 보이는 공격적인 행동 때문에 부모와 애착 관계에 문제가 있는 아기처럼 비쳐질까봐 불안해했습니다.

발달 평가 결과, 아기는 월령에 맞는 평균적인 발달 수준을 보였습니다. 비언어 인지능력과 언어이해력 모두 문제가 없었습니다. 다만 주도권을 쥐고 싶어 하는 기질로 인해 항상 긴장하고 있었고 밀고 당기기를 계속하는 아기였습니다. 주도권을 갖고 싶어 하므로 상대방의 마음을 이해하려 하기보다 어떻게 하면 자신의 목적을 달성할 수 있을지만 골몰했습니다.

자신의 목적 달성에 집중하는 성향의 아기들은 언어이해력이 정상 범위에 있어도 스트레스 상황에서는 길게 하는 말을 이해하지 못합니다. 하지만 엄마는 아기의 그런 기질을 파악하지 못했습니다. 엄마는 더 놀고 싶어 하는 아기에게 "이제 검사 끝났어. 집에 가야 해. 빨리 옷 입으세요. 양말도 신어야지"라고 말했습니다. 집에 가기 싫은 아기는 당연히 엄마의 말을 무시하고, 아기가 엄마의 말을 무시할수록 엄마는 같은 말을 계속 길게 이야기하는 악순환을 반복하고 있었습니다.

자기가 하고 싶은 대로 하려는 기질을 가진 생후 21개월 아기에게 논리적으로 길게 설명하는 것은 도움이 되지 않습니다. 또한 생후 21개월인 아기들은 대부분 스트레스 상황에서 긴 문장을 들으면 무슨 말인지 이해하려고 노력하지 않습니다.

이 시기의 육아에는 연기력이 필요합니다. 빨리 집을 나서서 식당으로 가로 싶다면 단순히 "엄마 배고파"라고 말하는 것보다 배를 부여잡고 엄청나게 배가 고픈 표정을 지으며 손으로 현관을 가리키는 것이 좋습니다. 그래야 아기는 "엄마 배고파. 나가서 밥 먹자"라고 이야기하는 엄마의 의도를 쉽게 이해할 수 있습니다. 같은 맥락으로, 더 놀고 싶어하는 아이에게 연구소의 불을 끄면서 "집에 가자"라고 말하면 아기는 여기서 나가야 한다는 엄마의 메시지를 확실히 이해합니다.

"말귀는 다 알아듣는데,
정작 엄마 말을 듣지 않아요"

아기는 눈치로 말의 의미를 짐작할 수는 있지만,

부모가 길게 하는 말은 아직 온전히 이해하지 못합니다.

아기가 몸으로 하는 말에 주의를 기울여주세요.

아기가 말귀는 다 알아듣는데 정작 훈육은 되지 않는다며 한 부부가 상담을 요청했습니다. 엄마 품에서 잠든 채 연구소에 들어온 생후 16개월의 아기는 잠에서 깨자마자 장난감을 향해 돌진했습니다. 아내는 아기가 천재인 것 같다고 이야기하는데 남편은 자신이 보기엔 그냥 평범한 아기라고 말했습니다. 사실 엄마의 말만 들으면 아기의 발달단계는 24개월 수준이었습니다. 하지만 낯선 환경에서 아기가 보인 행동발달은 14개월 수준이었습니다. 일반적으로 부모가 집에서 아기의 문제해결 능력을 평가하면 낯선 환경에서 평가하는 것보다 좀더 높은 발달 수준을 보입니다. 그렇다고 해도 엄마가 관찰한 발달 수준과 검사자가 산출한 발달 수준의 차이가 10개월이나 되는 경우는 매우 드물지요.

　엄마는 자신이 말하면 아기가 똑바로 엄마를 쳐다보는 것을 보고 아기가 자기의 말을 알아듣고 있다고 생각했습니다. 자신의 말을 다 알아들으면서 정작 훈육이 되지 않으니 아기가 엄마를 무시하는 것처럼 느껴져서 화가 난다고 했습니다. 하지만 생후 14개월의 언어이해력을 가진 아기가 엄마의 말을 다 알아듣기는 어렵습니다. 이 시기의 아기는 눈치로 간단한 지시를 이해하고, 사물의 이름 정도만 인지하기 때문입니다.

이렇게 아기가 말을 다 알아듣는다고 오해하는 부모들은 아기에게 심한 훈육을 가하기도 합니다. 아기가 말을 알아듣고도 부모의 지시를 따르지 않으니 부모를 무시한다고 생각하고 훈육의 정도가 심해지는 것이지요. 과한 경우에는 신체적, 언어적인 가해가 발생하기도 합니다. 하지만 이 아기처럼 생후 14개월의 언어이해력 수준을 보이는 16개월의 아기는 엄마가 안 된다고 하는 말 자체는 이해하지만 이유를 설명하는 말은 이해하지 못합니다.

이와 비슷한 사례로 생후 15개월의 아기를 키우는 엄마는 아기가 말을 거의 다 알아들어 서로 기분이 좋을 때는 별문제가 없는데 아기가 화가 나면 다루기 어렵다고 했습니다. 아기는 스트레스를 받으면 무작정 소리를 지르며 굴렀는데 그 상황에서 엄마는 "왜?"라고 묻기만 했습니다. 하지만 엄마의 물음에 아기는 손으로 자기 머리를 때리거나 물건을 던지기만 할 뿐 대답은 하지 않았습니다. 이러니 엄마 역시 감정이 격해져서 소리를 지르게 되고 마음의 안정을 찾은 후에는 혹여 아기가 상처받지 않았을까 불안해했습니다.

엄마는 말귀를 잘 알아듣는 아기니 말로 설명해 주기를 바라는 마음으로 15개월인 아기에게 자꾸 이유를 물은 것입니다. 하지만 아기의 입장에서는 심한 울음과 몸부림으로 싫다는 표현을 강력하게 했는데 엄마가 자꾸 이유를 물으며 말을 하라고 하니 답답할 뿐이지요. 초보 엄마는 아기가 자기 생각을 말로 설명해주면 다 이해하고 들어주려 했다고 말하더군요. 15개월 수준의 언어능력으로

'앉아', '먹어', '나가자', '가져오세요' 등 반복해서 사용하는 말은 이해할 수 있습니다. 하지만 언어표현력은 그만큼 발달하지 못하기 때문에 '맘마', '무(물)', '시어(싫어)', '아냐' 정도의 말만 해도 사실은 아주 뛰어난 발달단계를 보이는 것입니다. 아기가 왜냐고 묻는 엄마의 말에 길게 대답하지 못하는 것이 당연합니다.

그런데도 엄마는 왜 아기에게 계속해서 이유를 물었을까요? 상담 결과, 엄마는 아기의 불만을 해결해 주고 싶은 마음이 컸습니다. 성장 과정에서 부모로부터 많은 상처를 받았던 엄마는 내 아이만큼은 자신처럼 상처받지 않도록 항상 보살펴주고 싶다고 했습니다. 그래서 15개월밖에 안 된 아기에게 자꾸 왜냐고 물었던 것이지요. 15개월 아기의 언어이해력과 언어표현력 수준을 제대로 이해한 의사소통이 필요합니다.

"혼자 놀기만 하고
자기주장이 없어요"

아기는 부모의 기질과 발달 특성을 물려받기도 합니다.
아기의 기질과 발달 특성에 맞는 놀이를 함께 해주세요.

생후 17개월이 된 귀여운 사내아이가 아빠의 품에 안겨 연구소에 들어왔습니다. 아빠는 아기가 또래들과 어울리지 못하고 고집도 부리지 않는다며 발달 문제가 있는 것은 아닌지 걱정했습니다. 아기는 낯선 장소에 대한 경계심으로 한동안 아빠의 품을 떠나지 못했습니다. 낯선 사람을 경계하는 눈초리로 눈을 맞추지 않고 피하려고만 했지요. 시간이 흐르자 아기는 서서히 아빠의 품을 벗어나 새로운 환경을 탐색하기 시작했습니다.

발달 평가 결과, 비언어 인지능력이 우수하고 언어이해력은 12~14개월 수준으로 간단한 단어를 이해하는 정도였습니다. 문장을 이해하지 못하여 "노란 줄을 따라서 걸어보세요", "공을 차세요", "계단을 올라가세요" 같은 질문에는 부모가 먼저 행동을 보인 후에야 따라 하는 모습을 보였습니다.

상담을 하다 보니 아기의 소극적인 기질은 엄마를 닮았다는 것을 알게 되었습니다. 아기 엄마도 비언어 영역의 지능이 높은데 비해 언어능력은 뛰어나지 않았습니다. 엄마와 아기의 발달 특성이 비슷한 경우였지요. 엄마는 성장 과정에서 겪은 가난과 아버지의 외도로 인한 부모님의 갈등, 오랜 직장 생활에서 느낀 감정들이 복합적으로 쌓여 있는 상태였습니다. 그 상태에서 임신을 하고 아기를 낳아 키우다 보니 심한 우울증을 겪게 된 것이지요.

엄마는 자신과 달리 아기는 자기주장을 할 수 있는 아이로 키우고 싶다고 했습니다. 이에 언어능력은 썩 우수하지 않지만 비언어능력이 우수한 아기의 발달 특성부터 이해시켰습니다. 엄마의 우울증이 심한 상태였으므로 우울증 치료와 함께 아기를 위해 방문 수업을 적극 권하였습니다. 지친 모습을 보이는 엄마보다 밝은 모습으로 함께 놀아줄 수 있는 사람이 필요했기 때문입니다. 또한 엄마에게 자신의 기질을 이해하고 자신을 있는 그대로 사랑하는 태도가 필요하다고 말했습니다. 표현력이 썩 우수하지 않은 자신의 모습을 있는 그대로 인정하고 자신을 닮은 아기의 모습도 받아들이기를 권했지요.

이 아기처럼 비언어 인지능력에 비해 상대적으로 언어능력이 떨어지는 경우가 많습니다. 아기의 지능이 정상 범위라면 언어발달을 위한 노력보다 타고난 비언어 영역의 수준을 높이는 놀이를 해주는 것이 전체 인지발달에 도움이 됩니다. 비언어 영역이 우수하므로 가능하면 밖에서 눈과 귀로 새로운 환경을 접하는 것이 좋지만, 낯선 환경에 적응하기 어려우므로 다양한 놀이 활동이 제공되는 어린이집이 아기의 두뇌 발달에 도움이 됩니다.

언어발달

Q&A

 생후 16개월 된 아기가 소리에 민감해서 사운드북에서 나는 동물 소리나 사람들의 환호성을 싫어합니다. 비슷한 월령의 다른 아기들은 단어도 몇 개씩 말하던데, 우리 아기는 '맘마'만 정확히 말합니다. 혹시 언어발달이 늦어지고 있는 걸까요?

 아기가 '맘마', '엄마', '아빠'를 말할 수 있다는 것은 한 단어로 말하기가 가능하다는 의미로 16개월의 평균 수준입니다. 보통 '엄마'라는 말을 가장 먼저 할 것이라고 기대하지만 아기는 자신이 선호하는 말부터 합니다. 그러므로 '엄마'나 '아빠'가 아니라 '맘마'라는 말을 먼저 한다고 해서 걱정할 필요가 없습니다. 16개월의 언어발달은 말하는 능력보다 이해하는 능력이 중요하므로 아기가 '밥 먹자', '앉아' 등 일상생활에서 반복적으로 하는 말들을 이해하는지를 먼저 확인하시길 바랍니다.

 돌이 지날 무렵에는 '엄마', '아빠', '맘마' 정도의 말을 했는데 어느 순간 아무 말도 하지 않습니다. 말을 시키면 아예 도망가거나 무시합니다.

 이 시기의 아기들은 말을 한 번 하고 나서 아무 말도 하지 않다가 시간이 지난 후 갑자기 간단한 문장으로 말을 하기도 합니다. 이는 정상적인 언어표현력 발달 특성입니다. 한 단어 정도의 익숙한 말을 하다가 하지 않는다고 해서 언어표현력이 퇴행했다고 평가하지는 않습니다. 그러므로 싫어하는 아기에게 억지로 말을 강요하지 마세요. 아기가 스스로 새로운 다른 말을 할 때까지 기다려주세요.

아기를 부르면 쳐다봤는데 어느 순간부터 아무리 이름을 불러도
잘 쳐다보지 않아요.

부르면 돌아보는지를 알아보기 위해서 의미 없이 이름을 자꾸 부르면 아기는
쳐다보지 않기도 합니다. 이름을 불러도 돌아보지 않는 아기에게는 아기가 좋
아하는 간식의 이름을 말해보세요. 이를 알아듣고 고개를 돌려 양육자와 적극
적으로 눈을 맞추며, 블록 쌓기 등의 놀이를 따라 할 수 있다면 정상적인 발달
상태이므로 걱정하지 않아도 됩니다.

말걸기 환경 체크 리스트

다음은 전문가가 가정방문을 통해 양육자가 아기에게 하는 말걸기가 바람직한지 알아보는 평가 문항입니다. 평소 아기에게 말을 거는 자신의 태도를 돌아보며 아래의 리스트를 하나씩 체크해 보세요.

1. 양육자의 바람직한 말걸기 : 모든 항목의 답변이 '네'가 될 수 있도록 노력해 보세요

	평가 문항	네	아니오
1	한 시간 동안 최소한 두 번 이상 양육자가 아기에게 먼저 말을 건다.		
2	아기가 하는 말에 양육자가 "어, 그랬어. 그렇구나" 하고 반응해 준다.		
3	한 시간 동안 아기가 관심을 가지는 물건에 대해서 물건의 이름을 말해준다 (예 : "응, 그래 이건 기저귀야")		
4	양육자가 아기에게 말할 때 말소리가 또박또박하다.		
5	양육자가 아기에게 말할 때 아기의 언어이해력 수준에 맞게 이야기한다.		
6	한 시간 동안 양육자가 아기의 행동에 대해서 "잘했어"라고 두 번 이상 칭찬한다.		
7	양육자의 목소리 톤이 아기의 행동에 대해 긍정적인지 부정적인지를 알 수 있다.		
8	아기가 웅얼웅얼할 때 아기가 하는 말을 이해하지 못해도 말이 끝날 때까지 기다렸다가 반응한다.		
9	양육자가 스트레스 상황에서 "이 바보야" 혹은 "나쁜 녀석" 등의 모욕적인 말을 하지 않고 침묵이나 거리두기로 반응한다.		
10	양육자가 바쁜 상황에서 아기가 양육자를 쳐다볼 때 말을 하지 않아도 얼굴 표정으로 긍정적인 말걸기를 시도한다.		

2. 양육자의 바람직하지 않은 말걸기 : 모든 항목의 답변이 '아니오'가 될 수 있도록 노력해 보세요

	평가 문항	네	아니오
1	한 시간 동안 아기가 혼자 놀 때 양육자가 한 번도 말을 걸지 않는다.		
2	아기가 하는 말에 "응, 그랬어?" 하고 반응해 주지 않는다.		
3	아기가 관심을 가지지 않는 물건을 가리키며 물건의 이름을 말해준다.		
4	양육자가 아기에게 말할 때 혼잣말하듯이 흘리면서 말한다.		
5	양육자가 아기에게 말할 때 아기의 언어이해력 수준보다 높은 수준으로 길게 말한다.		
6	한 시간 동안 양육자가 아기의 행동에 대해서 "잘했어"라고 칭찬하지 않고 "왜 그래"라고 핀잔하는 경우가 두 번 이상 있다.		
7	양육자의 목소리의 톤이 아기가 긍정적으로 이해할지, 부정적으로 이해할지 명확하게 알 수 없다.		
8	아기가 웅얼웅얼할 때 아기의 말을 이해하지 못하므로 "무슨 말인지 모르겠어"라고 말하며 아기의 웅얼거림을 끊어지게 한다.		
9	양육자가 스트레스 상황에서 "이 바보야" 혹은 " 나쁜 녀석" 등의 모욕적인 말을 하거나 아기에게 다가가서 말을 빠르고 길게 한다.		
10	양육자가 바쁜 상황에서 아기가 양육자를 쳐다볼 때 "왜?", " 어째라고?" 등의 말로 반응한다.		

생후 25개월에서 35개월까지
(24개월 16일~35개월 15일)

문장으로 천천히 말하기

"

이제 네가 짧은 문장을
이해할 수 있으니
재밌는 그림책을 읽어주고
이야기도 많이 해줄게.

"

생후 24개월이 지나면 일상생활에서 사용하는 '밥 먹으러 식탁으로 가자', '치카치카 하러 화장실에 가야지', '옷 빨리 입고 어린이집 가자' 등의 긴 문장을 대부분 이해할 수 있습니다. 이 시기부터 아이와 말로 하는 상호작용이 적극적으로 이루어지지요. 아직 말이 트이지 않은 아이들은 양육자의 말을 이해할 수는 있지만 자신의 생각을 문장으로 표현하지 못해 떼를 쓰기도 합니다.

언어이해력이 활발해지는 시기이므로 다양한 상황을 다른 표현으로 이야기해 주려는 노력이 필요합니다. 아이에게 문장으로 말할 때는 아이가 관심을 가질 만한 상황에 대해 아주 천천히 이야기해 주세요. 예를 들어 시장에 가서 낙지를 본 아이에게 "여기 낙지가 있네. 아주머니가 낙지를 잡았지. 어머, 낙지가 아주머니 손에 붙었네. 낙지가 안 떨어진다"라고 여러 표현을 사용해야 아이가 '잡다', '붙다', '안 떨어지다' 등 다양한 표현을 익힐 수 있습니다.

1

아이의 언어이해력이
높아져요

서로 다른 것을 비교할 수 있어요

생후 24개월 이전까지는 시각, 청각, 피부, 움직임 등 아이가 직접 자극을 느껴야만 그 말의 의미를 이해할 수 있습니다. 장난감을 보여주면서 이름을 가르쳐 주거나, 소리를 들려주면서 무슨 소리인지 이야기하고, 차가운 물을 만지게 하면서 '차갑다'라는 의미를 알려주어야 했지요. 생후 24개월 이후에는 상대적인 개념과 추상적인 표현을 이해할 수 있습니다. 이는 언어이해력 발달에서 매우 중요한 과정입니다.

생후 24개월 이전에는 눈에 크게 보이는 것을 보면서 '크다'라고 인지했다면, 이제는 다른 크기의 물건 두 개를 놓고 상대적으로 큰 것을 보고 '크다'라고 말하는 것을 이해할 수 있습니다. 마찬가지로 과자가 많은 상태를 '많

| 똑같다 - 안 똑같다 |

다'라고 이해했다면 이제는 과자의 양에 따라서 둘 중 더 많은 양을 '많다'
라고 표현한다는 것을 알게 됩니다. 따라서 이 시기의 아이에게는 상황을
표현하는 개념을 익힐 수 있는 기회를 제공해야 합니다. 예를 들어 '똑같다'
라는 개념을 익히기 위해 사과 두 개와 배 한 개를 놓고, 사과 두 개를 비교
하면서 '똑같다'라는 개념을, 사과와 배를 비교하면서 '안 똑같다'라는 의미
를 알려주는 것입니다.

나아가 '많다, 적다'의 개념도 익힐 수 있습니다. 귤 다섯 개와 귤 세 개
를 각각 한 덩어리로 놓고 "여기 귤이 더 많다", "여기 귤이 더 적다"라고 말
합니다. 다시 귤 세 개와 귤 한 개를 각각 놓고 '많다, 적다'를 이야기하면 앞
에서 말한 세 개의 귤이 한 개의 귤과 비교될 때는 '많다'라고 표현한다는
것을 알게 됩니다.

| 많다 - 적다 |

▲ "여기 귤이 더 많다"

▲ "여기 귤이 더 적다"

▲ "여기 귤이 더 많다"

▲ "여기 귤이 더 적다"

| 크다 - 작다 |

엄마 신발은
아빠 신발보다
작네

　'크기'에 대한 비교도 가능합니다. 아빠와 엄마, 아이의 신발을 나란히 놓고 비교하면서 아이에게 설명해 주세요. "여기 아빠 신발이 있네. 엄마 신발보다 크지? 엄마 신발은 아빠 신발보다 작네"라고 말합니다. 아빠와 엄마의 신발을 비교한 후에는 엄마와 아이의 신발을 비교합니다. "여기 엄마 신발하고 우리 ○○ 신발이 있네. 엄마 신발이 크네. ○○ 신발은 엄마 신발보다 작네"라고 말하여 크기의 상대적인 개념을 알 수 있도록 합니다.

　눈에 보이는 '길이'의 개념도 전달이 가능합니다. 아빠와 엄마, 아이의 바지를 나란히 놓고 길이를 비교해보세요. 아빠 바지를 가리키며 엄마 바지보다 길다를 가르치고, 엄마 바지와 아이 바지를 나란히 놓고 엄마 바지가 더 길다고 이야기합니다. 이를 반대로 이용하여 '짧다'라는 상대적인 개념도 설명할 수 있습니다.

　아이가 '많다'와 '적다', '크다'와 '작다', '길다'와 '짧다' 등 상대적인 개념을 이해한다면 생후 36개월 이후부터는 '가장 크다, 가장 작다, 가장 많다, 가장 적다' 등 '가장'의 개념을 익힐 수 있도록 유도합니다. 크기가 각각 다른 동그라미 세 개를 그린 후에 '이 동그라미가 가장 커요' 혹은 '이 동그라미가 가장 작아요'라고 표현하는 것입니다.

| 길다 - 짧다 |

아빠 바지는
엄마 바지보다
기네

| 가장 크다 - 가장 작다 |

빨간
동그라미가
가장 커요

비슷한 표현을 구분해요

비슷한 의미를 가진 단어도 각기 다른 상황에서 쓰입니다. 예를 들어 '깨지다', '찢어지다', '망가지다', '부서지다'는 모두 물건이 손상된 상태를 의미하지만 각각의 단어가 사용되는 상황은 다릅니다. 상황에 맞는 표현을 해주면 아이는 빠른 속도로 언제 어떤 표현을 쓰는 게 옳은지 익힐 수 있습니다. 선천적으로 언어이해력이 탁월하다면 더 빠른 학습이 가능하지만, 언어이해력이 우수하지 않다 하더라도 양육자가 지속적으로 아이에게 말해주면 아이는 조금 더 쉽게 다양한 표현을 배울 수 있습니다. 책으로 알려주는 것보다는 일상생활에서 인지할 수 있는 기회를 제공하는 것이 더 효과적입니다.

▲ 깨지다 　　　　　　　　▲ 찢어지다

▲ 부서지다 　　　　　　　　▲ 망가지다

긴 문장을 이해할 수 있어요

사람의 뇌에는 '차갑다', '뜨겁다', '아프다' 등의 감각적인 정보를 말로 인지하는 프로그램과 문법적인 의미를 이해하는 프로그램이 있습니다. 대부분의 아이는 감각적인 자극을 말로 인지하는 데 큰 어려움을 보이지 않습니다. 영어를 배울 때 알파벳을 읽거나 사과를 애플이라고 말하는 것도 시각적인 정보를 말로 연결하는 프로그램을 통해 가능한 것이지요.

언어이해력이 탁월하다는 것은 감각적인 정보를 말로 연결하는 프로그램이 활성화되었다는 것을 의미하는 것이 아닙니다. 문법적인 의미를 이해하는 프로그램이 발달해야 언어이해력이 높다고 말할 수 있습니다. 따라서 많은 단어를 알고 있어도 긴 문장의 의미를 이해하지 못하면 언어이해력이 뛰어난 것은 아닙니다. 영어 단어를 많이 알고 있지만 정작 문장으로는 이해가 되지 않아서 영어로 의사소통이 힘든 것도 같은 맥락입니다.

양육자는 아이가 생후 24개월이 지나면 긴 문장을 이해할 수 있는지 확인해야 합니다. 생후 24~32개월경에 아는 어휘의 수는 많은데 긴 문장을 이해하지 못한다면 문법적인 의미를 이해하는 프로그램이 활성화되지 못했다는 의미이므로 전문가의 진단을 받아보는 것이 좋습니다.

일반적으로 엄마 배 속에서 뇌의 신경망이 형성될 때 문법적인 의미를 이해할 수 있는 프로그램도 함께 만들어집니다. 그 덕분에 걷기 연습을 일부러 시키지 않아도 스스로 걷듯이, 일상에서 자연스럽게 다양한 표현들을 듣게 되면 두뇌의 문법 이해 프로그램이 활성화되어 아이는 문장의 의미를 이해하게 됩니다.

아이가 다음 문장들을 처음 들으면 익숙한 단어와 동작어만 듣게 됩니다. '사과, 귤, 아빠, 주세요, 먹어요, 맛있어요'만 들리고 '~하고, ~을, ~에게,

★ 사과하고 귤을 아빠에게 주세요.
★ 사과하고 귤을 아빠가 먹어요.

★ 사과하고 귤은 맛있어요.
★ 사과도 귤도 맛있어요.

~가, ~도'의 의미는 이해하지 못하지요. 양육자가 상황을 몸짓으로 설명하면 아이는 서서히 조사의 의미를 인식합니다.

문법을 이해하는 신경망이 활발하게 만들어진 아이는 생후 24개월 이후에 문장의 의미를 제대로 인지합니다. '엄마에게 과자를 주세요'와 '엄마랑 같이 과자를 먹어요', 이 두 문장의 차이를 알게 되지요. 하지만 문법을 이해하는 신경망이 충분히 발달하지 않은 아이는 '엄마에게 과자를 주세요'와 '엄마랑 같이 과자를 먹어요'라는 문장의 의미를 이해하지 못합니다. '엄마에게 과자를 주세요'는 '엄마, 과자, 주세요'로 이해하고 '엄마하고 같이 과자를 먹어요'는 '엄마, 과자, 먹어요'로 단순하게 인식합니다. 이 경우 단어와 단어를 연결해서 문장의 의미를 알아내려고 추측하는데 그 과정에서 문장의 의미를 바르게 이해하기도 하고 오해하기도 하지요. 문법을 이해하는 신경망이 매우 취약한 아이는 문장으로 이야기하면 아예 들으려고 하지 않습니다. 아이에게는 긴 문장이 그저 '두두두두'와 같은 소음으로 들리기 때문입니다.

문법을 이해하는 신경망 발달이 덜 된 아이는 '아빠가 방에 들어가네'라는 문장을 듣고 '아빠, 가방, 들어가'로 이해할 수도 있습니다. '여기에 물을 쏟으면 바닥이 어떻게 되겠니?'라는 말은 '여기, 물, 바닥'으로 단순하게 이해하지요. 특히 "엄마 말을 잘 들으면 엄마가 과자를 줄 거야. 엄마 말을 잘 안 들으면 과자를 줄 수 없어요"라는 식으로 길게 이야기하면 아이는 '엄마, 과자, 엄마, 과자'로 단순한 단어만 받아들일 뿐 문장 전체의 의미는 이해하지 못합니다.

따라서 아이에게 얼마나 긴 문장으로 말할지는 아이의 문법 신경망 발달 정도에 따라 결정해야 합니다. 문법 이해가 어려운 아이에게는 단어나 짧은 문장 위주로 계속 말해야 하고, 문법 신경망이 활발한 아이에게는 긴 문장으로 이야기해야 양육자의 말에 주의를 기울입니다. 아이에게 친절하게 설명해 주겠다는 의도로 매번 말을 길게 하면 문법 신경망이 활발하지 않은 아이는 말의 의미를 유추하기 어려워 오히려 상대방의 말을 무시하는 습관이 생기기 쉽습니다. 단순히 어릴 때부터 양육자가 말을 자주 걸고 그림책을 많이 읽어준다고 해서 아이의 언어능력이 발달하는 것은 아닙니다. 아이의 타고난 문법 이해 능력을 확인하고 수준에 맞는 말걸기를 시도하는 태도가 중요합니다.

물어보는 말을 정확하게 이해할 수 있어요

생후 24~36개월의 아이는 의문대명사의 의미를 구분하게 됩니다. 대부분의 아이는 24개월 이전에도 '이게 뭐야?' 정도의 질문을 이해합니다. 이 시기에는 '얼마나', '어디서', '누구' 등 의문대명사를 구분하므로 양육자가 물어보는 말을 정확하게 이해할 수 있습니다. 이를 위해 양육자는 '얼마나 먹었어요?', '어디서 먹었어요?', '누구랑 먹었어요?' 등 다양한 의문문으로 질문하고 답하는 법을 알려주어야 합니다.

문법 신경망이 활발한 아이는 의문대명사를 빨리 인지하지만, 문법 신경망이 활발하지 못한 아이는 36개월이 넘어서야 확실하게 이해하기도 합니다. 아직 의문대명사를 이해하지 못하는 아이는 질문 속 동사만 이해하므로 어느 질문이든 상관없이 같은 답변을 할지도 모릅니다. 예를 들어 "얼마나 먹었어요?", "어디서 먹었어요?", "누구랑 먹었어요?"라는 질문에 모두 "많이"라고만 대답하는 식이지요. 이 시기의 아이에게는 다양한 질문을 하고 질문에 맞는 대답을 반복해서 들려주어야 합니다. 이 과정을 통해 아이는 다양한 의문대명사를 이해하고 질문에 정확하게 답할 수 있습니다.

아이마다 언어를 받아들이는 능력이 달라요

앞서 말했듯이 같은 월령의 아이일지라도 문법 신경망의 발달 정도, 기질 등 여러 요인의 차이로 언어를 받아들이는 능력이 다릅니다. 양육자가 아이의 기질과 발달 정도를 확인하고 수준에 맞는 도움을 제공할 때 아이의 언어는 더욱 활발하게 발달할 수 있습니다. 아이의 언어발달 수준을 평가한 후 그 수준에 맞는 말놀이를 제공해 주세요.

언어이해력에 어려움을 보이면서 긴 문장으로 혼잣말을 하는 아이도 있습니다. 양육자가 일상에서 하는 말을 기억해서 그대로 말하는 것이지요. 이런 아이는 양육자가 말을 길게 하면 집중하지 않고 자기 말만 하려고 합니다. 질문을 하면 엉뚱한 대답을 하기도 하지요. 이 경우 아이가 긴 문장으로 말할 수 있다고 해서 언어이해력 발달에 문제가 없다고 생각하면 안 됩니다. 유아기의 언어발달은 언어표현력이 아니라 언어이해력이 기준이 되어야 합니다. 따라서 아이가 긴 문장으로 말할 수 있더라도 아이의 언어이해력 수준을 파악한 후 그에 맞는 말놀이를 제공하는 것이 필요합니다.

언어이해력과 언어표현력 모두 떨어지면서 낯선 사람과의 상호작용을 힘들어하는 아이도 있습니다. 상호작용을 좋아하지 않는 아이에게는 놀이

▲ '허락한다'는 메시지

▲ '허락하지 않는다'는 메시지·　　▲ '허락하지 않는다'는 메시지

학습을 시도하기가 어렵습니다. 이 경우 양육자는 문장보다는 한 단어만 사용해서 말을 건네야 합니다.

목소리의 톤이나 표정, 몸짓을 더해서 아이의 행동을 양육자가 허락하는지, 허락하지 않는지 정도의 메시지만 전합니다. 또한 전문가의 진단을 받은 뒤 아이의 발달 특성에 맞는 놀이 학습을 시도하는 것이 좋습니다.

언어이해력이 우수한 아이는 어른이 말하는 문장의 문법적인 의미를 빨리 파악합니다. 언어이해력과 언어표현력이 모두 우수한 경우는 큰 어려움이 없지만, 말은 아직 트이지 않았는데 언어이해력만 우수한 아이는 아직 말을 잘하지 못하므로 마치 언어이해력 발달이 지연되는 것으로 오해받기 쉽습니다.

말이 트이지 않았어도 아이의 언어이해력이 뛰어나다면 아이의 수준을 알아보고 그에 맞는 언어학습 놀이를 제공해 주세요. 언어이해력이 뛰어난

| 언어이해력이 뛰어난 아이에게 좋은 언어 놀이 |

"나무를 땅에 심어요" "나무는 땅에 뿌리를 내려요" "물을 주면 뿌리가 땅속의 영양분을 빨아들여서 잎에 전달해요" "영양분을 받은 나무는 꽃과 열매를 만들어요"

아이에게는 이야기가 긴 동화책을 읽어주거나 상황을 논리적으로 설명해주세요. 음식을 만드는 순서를 알려주거나 동화책 속 사건의 전개를 천천히 설명해주어 원인과 과정, 결과를 이해할 수 있도록 합니다. 말만 들으면 이야기의 전개를 이해하기 어려우므로 그림을 곁들이는 것도 좋습니다. 언어 이해력이 또래에 비해 월등하게 높은 경우에는 어린이집이나 유치원 활동 외에 아이의 수준에 맞는 놀이를 집에서 일대일로 더 제공해주어야 합니다.

말을 못한다고 언어발달이 지연되는 것은 아니에요

많은 양육자들이 언어발달에 관해 오해하고 있습니다. 말을 이해하는 능력이 아니라 표현하는 능력으로 아이의 언어발달 상태를 판단하려고만 합니다. 유아기 언어발달에 대한 이해가 부족하여 언어발달 지연을 조기에 발견

| 아이의 언어발달에 대한 오해 |

- 양육자가 말을 충분히 걸어주지 않아서 아이의 언어발달이 늦어진다. 양육자가 아이에게 말을 많이 하면 언어능력이 금방 향상될 것이다.
- 남자아이가 여자아이에 비해 언어발달이 늦지만 학교에 입학할 나이가 되면 남자아이도 나아질 것이다.
- 말을 트이게 하는 언어치료를 받으면 언어이해력도 좋아질 것이다.
- 말이 늦게 트이는 것은 심리적인 원인이므로 놀이치료를 받으면 말이 빨리 트일 것이다.

하지 못하는 경우도 많습니다. 다음은 양육자들이 흔히 하는 이 시기 아이들의 언어발달에 관한 오해입니다.

아이가 언어발달에 지연을 보인다면 언어이해력 수준을 정확하게 판단하고 그에 맞는 다양한 말놀이로 천천히 언어이해력을 향상시켜야 합니다. 양육자가 말을 많이 걸어주지 않아서 언어발달이 지연된다고 생각하고 온종일 아이가 원하는 대로 놀아주거나 놀이치료에 매진하는 양육자도 있습니다. 하지만 2~3년 정도 놀이치료를 한다고 언어이해력이 높아지는 것은 아닙니다. 언어발달에 대한 오해로 인해 또래 집단에서 적응하지 못하는 것을 뒤늦게 발견하는 안타까운 사례가 매우 많습니다. 반드시 아이의 언어이해력을 확인해 주세요.

● ● ● ● ● ● 2 ● ● ● ● ● ●

아이는 문장으로도 말할 수 있지만
행동으로도 표현해요

대부분의 육아 서적에서 생후 18~24개월에는 두 낱말을 조합해서 이야기하고, 24~30개월에는 세 낱말을 조합할 수 있으며, 만 36개월 이후에는 기본 문법을 활용해서 이야기할 수 있다고 설명합니다. 언어이해력은 정상인데 아직 말만 트이지 않은 아이를 둔 양육자는 불안감에 괜한 우려를 하게 됩니다. 거듭 이야기하건대 유아기 언어발달의 핵심은 언어표현력이 아니라 언어이해력입니다. 그러므로 생후 36개월까지는 발달 수준에 맞는 언어이해력을 가지고 있다면 한두 단어로만 말을 한다고 걱정할 필요가 없습니다.

아직 말이 트이지 못한 아이를 둔 양육자들은 혹여나 아이가 친구들과 어울리지 못할까 봐 걱정합니다. 하지만 이 시기 또래 집단의 상호작용은 말보다 행동으로 이루어지므로 어린이집이나 유치원의 집단 활동에서 큰 어려움을 겪지 않습니다.

아이가 말을 하기 시작하면 아이와 대화하는 재미가 더해지므로 초보 양육자는 언어치료를 받아서라도 아이의 말이 빨리 트이기를 바랍니다. 하지만 여러 가지 이유로 입술 주변의 움직임이 어려운 아이에게 무리해서 언어치료를 시키는 것은 자제해야 합니다. 지혜로운 양육자라면 무리한 언어치료를 시키기보다 아이가 보내는 비언어적 사인을 파악하려고 노력해야 합니다.

말이 빨리 트인 아이 말로 의사를 표현해요

이 시기의 아이는 궁금한 것이 많습니다. 말이 빨리 트인 아이는 처음 접하는 물건을 보면 "이게 뭐야?"라며 말로 질문합니다. 자신의 의사를 말로 표현할 수 있기 때문에 아이한테 필요한 것이 생겼을 때 "물 주세요"처럼 정확하게 문장으로 자신의 요구를 전달합니다. 아이가 보내는 비언어적 사인을 해석할 일이 줄어들어 아이와의 소통이 좀더 쉬워지지요. 관심을 받고 싶을 때는 어른들의 대화에 끼어들어서 자기 말을 시작합니다. 어린이집에서도 마찬가지로 선생님의 질문에 또래보다 자신이 먼저 대답하려고 합니다. 질문에 맞는 대답을 하며 높은 언어표현력을 보입니다.

말이 트이지 않은 아이 행동으로 의사를 표현해요

말이 트이지 않은 아이는 비언어적 사인으로 자신의 의사를 표현합니다. 양육자는 아이가 보내는 사인을 파악하고 그에 맞는 응답을 해주어야 합니다. 이 시기에 아직 말이 트이지 않은 아이는 궁금한 것이 생겼을 때 짧게 "뭐야?"라고 물어보거나 손으로 가리킵니다. 필요한 것이 생겼을 때도 한두 단어로 이야기하거나 그것이 있는 장소로 양육자를 직접 끌고 갑니다. 물을 먹고 싶을 때 "물"이라고만 말하거나 양육자의 손을 잡고 냉장고로 가는 식이지요.

관심을 받고 싶을 때는 아직 말을 하지 못하므로 그림책을 들고 엄마 아빠 사이로 비집고 들어가는 행동으로 자신의 마음을 표현하기도 합니다. 어린이집에서는 스스로 넘어지거나 친구를 괴롭히는 등의 엉뚱한 행동으로 관심을 끌려고 하기도 합니다. 아직 언어표현력이 발달하지 않아 양육자나 선생님이 질문을 하면 못 들은 척하거나 도망갑니다.

3
아이가 말할 수 있도록
기회를 주세요

아이마다 언어발달에 큰 차이를 보이는 시기입니다. 말이 트인 아이와 그렇지 않은 아이, 언어이해력이 뛰어난 아이와 그렇지 않은 아이 등 양육자는 아이의 발달 상황에 맞춰 말을 걸어줘야 합니다.

말이 빨리 트인 아이   **아이가 양육자의 말을 잘 이해하는지 살피세요**

말이 빨리 트인 아이라면 아이의 언어이해력에 맞춰서 말을 걸어주세요. 언어이해력이 뛰어나다면 그 수준에 맞추어서 이야기해 주면 됩니다. 아이가 알아듣는 단어나 문장을 이용해서 말을 걸어주세요. 아이가 자기 말만 하려고 한다면 양육자의 질문을 이해시키고 그에 맞게 답할 것을 요구하세요.

말이 트이지 않은 아이   **아이가 단답형으로 대답할 수 있도록 질문해 주세요**

거듭 말하지만 말이 트이지 않았다고 언어발달 수준이 떨어지는 것은 아닙니다. 말이 트이지 않은 아이에게도 역시 언어이해력 수준에 맞춘 말걸기를 해주세요. 문장으로 말하는 것을 어려워하므로 '왜?'라는 질문을 아이에게 하지 않도록 합니다. 아이가 '네', '아니오' 등의 짧은 단어로 답할 수 있는 질문을 해야 합니다. 예를 들어 "어린이집에서 밥은 왜 안 먹었어?"라고 묻는 것보다 "어린이집에서 먹은 밥이 맛이 있었어? 맛이 없었어?"라고 물어봅니다. 또는 "어린이집에서 제일 맛있는 음식이 뭐야?"라고 물어서 아이가 단답형으로 대답할 수 있도록 합니다.

말이 트이지 않고 언어이해력 평가 결과 아이 실제 나이의 80 퍼센트 수준 이하의 발달 지연을 보인다면 전문가의 진단을 받아보세요(별책 부록을 통해 아이의 언어이해력을 간편하게 평가할 수 있습니다). 특히 언어이해력이 떨어지면서 율동을 정확하게 하지 못하거나 한 발로 서 있기, 힘차게 공차기 등을 하지 못하는 경우, 악력이 약해서 연필로 그림을 정확하게 그리지 못하는 경우에는 반드시 전반적인 발달 평가를 받아야 합니다. 평가 결과, 단순히 언어표현력 발달만 조금 늦는 경우라면 아이의 언어이해력 수준에 맞게 대화하면 됩니다.

4 엄마가 쉴 수 있는 장소를 방문하세요

24개월 이후는 체구도 커지고 운동능력도 나날이 좋아지는 시기이므로 언어능력과 상관없이 아이의 떼가 매우 심해집니다. 말이 빨리 트여도 양육자의 말을 이해하고 마음까지 헤아리기에는 자기중심성이 강한 시기라서 떼가 심해질 수 밖에 없습니다. 말이 늦게 트이는 경우에는 자기가 보내는 비언어적 메시지를 양육자가 알아듣지 못하면 과격한 행동으로 자신의 불만을 표출하기도 합니다.

이 시기의 아이에게 집은 새로운 물건이나 사람을 접할 수 없는 답답한 생활 공간입니다. 작은 공간에서 심심함을 느끼면 떼가 더 심해지므로 집 밖에서 아이의 지루함과 양육자의 육아 스트레스를 동시에 해결할 수 있는 방법을 찾는 것이 좋습니다.

요즘 엄마들이 많이 이용하는 문화센터 프로그램은 일주일에 한 번, 한두 시간 진행되는 수업이 많으므로 아이의 심심함을 해결하는 보조 수단으로 활용할 수는 있지만, 생후 24개월 아이의 인지발달에 필요한 전반적인 자극을 제공하는 장소는 아닙니다. 또한 대부분의 문화센터는 백화점이나 대형 마트 내부에 있는데, 이런 곳은 아이가 이해하기 어려운 다양한 자극이 한꺼번에 쏟아지므로 자주 방문하면 아이가 산만해질 수 있습니다.

문화센터보다 아이와 함께 동네의 헬스클럽을 방문하는 것이 좋습니다. 24개월 이후에는 새로운 환경에서 요구되는 규칙을 이해하고 받아들일 수 있으므로 트레이너의 양해만 구할 수 있다면 양육자의 지친 체력을 충전하고 아이에게는 새로운 놀이터가 됩니다. 지역 문화센터에서 하는 재즈댄스나 벨리댄스도 아이와 함께 다니기 좋은 프로그램입니다. 음악을 들으며 엄마들의 움직임을 관찰할 수 있어 아이도 심심함을 달랠 수 있습니다. 프로그램에 참여하기 전에 엄마가 춤을 추고 싶어서 가는 곳이라고 아이에게 설명하고, 선생님과 같이 배우는 사람들을 '이모'라는 호칭으로 부르게 하는 것도 좋습니다. 아이의 컨디션이 나쁜 날에는 수업 도중에 살짝 빠져나오기도 부담스럽지 않아 좋습니다.

몸이 좋지 않아 헬스클럽이나 춤 같은 활동이 어렵다면 동네 한의원에 아이를 데리고 침을 맞으러 다니는 방법도 좋습니다. 한의원이라는 새로운 장소에서 지켜야 할 규칙을 익힐 수 있고 낯선 사람들도 구경할 수 있으므로 아이에게는 좋은 학습 장소가 됩니다. 집 가까이 재래시장이 있다면 아이와 함께 자주 방문해 보세요. 채소 가게의 아주머니, 정육점의 아저씨와 눈을 맞추어 인사하는 경험은 아이의 사회성 발달에 큰 도움이 됩니다. 아이와 같이 종교 활동을 하는 것도 여러 사람을 주기적으로 만나게 되므로 아이의 사회성 발달에 긍정적인 경험이 됩니다.

어떤 장소이건 새로운 사람을 만날 수 있는 환경이라면 아이의 인지발달에도 도움이 됩니다. 매일 새로운 사람들을 익히는 것은 아이의 위기대처 능력을 향상시킬 수 있습니다. 주변에서 엄마와 아이가 함께 즐기면서 쉴 수 있는 공간을 찾아보세요.

| 대형 마트에서의 말걸기 |

집 근처에 있는 대형 마트에서도 아이의 호기심을 자극하고 언어발달을 유도할 수 있습니다. 다음 놀이 방법을 따라서 아이에게 말을 걸어보세요.

1. 오늘 살 물건과 개수를 종이에 적어서 아이에게 읽어준다.

2. 대형 마트에 가서 종이에 적힌 물건이 어디에 있는지 찾는 법을 알려준다.

3. 물건을 찾으면 물건의 이름을 읽는다.

4. 종이에 적힌 개수대로 장바구니에 담는다.

5. 필요한 물건을 모두 구입한 후에는 아이가 흥미를 보이는 코너에 가서 다양한 물건의 이름을
   알려주고 직접 탐구할 수 있도록 도와준다.

6. 집으로 돌아온 후에는 구입한 물건을 냉장고에 정리하는 법과 요리하는 법을 알려주고 함께한다.

"아이와의 관계가 좋지 않아서 언어발달이 더딘 것 같아요"

초보 부모는 당연히 육아에 서툽니다.
아이의 언어발달이 더디다고 해서 과하게 스트레스를 받거나
죄책감을 갖지 않도록 주의하세요.

한 부부가 26개월 된 아이를 안고 연구소를 방문했습니다. 또래보다 말이 더디고 의사소통도 어렵다며 혹시나 언어발달이 지연되고 있는 것은 아닌지 근심 어린 얼굴로 상담을 요청했습니다.

평가 결과, 아이의 언어이해력은 18개월 수준, 비언어 인지능력은 25개월 수준, 운동발달 능력은 21개월 수준이었습니다. 흥미나 친밀도, 감정조절능력까지 모두 발달이 느린 상태로 또래들과 어울리기 힘들어 보였습니다.

아이는 스트레스를 받으면 바닥에 머리를 박거나 떼를 썼고, 엄마는 그럴 때마다 아이의 엉덩이를 때리거나 소리를 지르며 혼냈습니다. 반면 아빠는 아이가 발을 구르고 머리를 찧는 등 공격적인 행동을 할 때마다 왜 그러는지 살펴보고 가능한 한 아이가 원하는 것을 들어주려고 했고요.

언어발달이 더딘 아이는 말을 들어도 이해하지 못하고, 본인이 말도 하지 못하니 답답함에 떼가 늘게 됩니다. 그림책을 읽어주며 정성 들여 아이를 키웠건만 아이의 언어발달이 늦어지고 떼만 심해지면 대부분의 엄마는 자괴감과 우울증에 시달립니다. 남편은 답답해서 떼를 쓰는 아이에게 아내가 가끔 너무 과하게 훈육을 하는 것 같다고 했습니다.

상담을 하다 보니 아이가 제일 좋아하는 사람은 외할아버지였습니다. 그래서 외할아버지에게 손자의 발달 특성을 전달하고 특수교사의 역할을 해달라고 당부했습니다. 외할아버지가 아이의 언어이해력 수준에 맞는 학습 기회를 제공하며 여러 노력을 기울이자 아이는 생후 37개월에 언어이해력이 28개월 수준으로 자기 나이의 76퍼센트까지 향상되었습니다. 처음 연구소를 찾았을 당시 보다 6퍼센트 더 향상된 것입니다. 발달 평가에서 1퍼센트는 의미가 매우 큽니다. 아이 부모와 외할아버지의 지속적인 노력으로, 드디어 생후 60개월경에 아이는 유아 지능 검사에서 정상 범위의 인지능력을 보였습니다. 언어이해력이 향상되면서 아이의 떼는 조금씩 줄었고, 엄마 역시 아이에게 화를 덜 내게 되었습니다. 심리검사에서도 아이는 자존감이 매우 높은 상태였고, 부모와의 애착 관계도 안정적이었습니다.

육아가 처음인 부모는 당연히 양육에 미숙합니다. 그나마 아이의 언어이해력 발달에 문제가 없고 말도 빨리 트이면 육아 경험 부족으로 인한 갈등은 줄어듭니다. 하지만 아이의 언어발달이 지연되는 경우 부모의 미숙함과 결합되어 애착 관계에도 부정적인 영향을 미치기 쉽습니다. 이 가정도 아이의 언어발달 지연과 초보 엄마의 미숙함이 엄마의 심한 우울증과 아이의 발달 문제를 불러온 것입니다. 다행히 아이는 아빠와 외할아버지의 도움으로 정상 범위의 언어이해력과 인지능력을 찾게 되었습니다.

"선생님의 말을
이해하지 못해요"

또래에 비해 언어이해력이 현저히 떨어지면
집단 활동에 어려움을 겪을 수 있습니다.

생후 23개월 된 남자아이가 엄마 손에 이끌려 연구소를 방문했습니다. 어린이집에서 친구들과 잘 못 어울리고 선생님의 말도 제대로 이해하지 못하는 것 같다고 하더군요. 발달 평가 결과, 아이의 언어이해력은 11개월 수준이었습니다. 반면 비언어 인지능력은 27개월 수준으로 우수했습니다. 비언어 영역은 정상적으로 발달하고 있지만, 언어 영역에서 발달 지연을 보이고 있었습니다.

이에 아이에게 언어자극을 주는 방법을 조언해주었습니다. 두 영역의 발달 차이가 큰 아이는 영역별로 수준이 다른 놀이 방법을 써야 합니다. 이 아이의 경우, 언어 영역인 말놀이는 11개월 수준으로, 비언어 영역인 퍼즐은 27개월 수준으로 제공해야 언어이해력과 비언어능력을 동시에 향상시킬 수 있습니다. 이러한 교육은 아이의 발달 특성 및 각 발달 영역 간의 편차를 고려한 맞춤식 놀이입니다. 또한 아이의 흥미도, 사람에 대한 친밀도는 매우 우수했으나 언어이해력이 떨어지므로 보육 중심의 어린이집을 권했습니다.

한 달 뒤 다시 만난 아이는 어린이집에는 잘 다니고 있었습니다. 부모의 지속적인 노력으로 생후 25개월에는 14~16개월 수준의 언어이해력을 보였습니다. 생후 31개월에는 말놀이를 할 때 도망가지 않고 자리에 앉아있었으며, 생후 33개월에는 언어이해력이 44개월 수준으로 또래보다 뛰어났습니다.

이처럼 아이의 언어이해력이 늦게 향상되는 경우가 있습니다. 이런 경우 부모가 언어이해력을 키우기 위한 놀이 학습의 기회를 일대일로 제공하고 어린이집만 보내도 생후 60개월경에는 언어이해력이 정상 범위로 발달하기도 합니다. 언어이해력이 또래 수준에 이르지 못하면 또래와의 상호작용에 어려움을 겪습니다. 따라서 언어이해력 발달 지연을 조기에 발견해서 도움을 주어야 아이가 어린이집에 적응할 수 있습니다.

"생후 30개월인데
단어로만 말을 겨우 하고, 자해까지 해요"

아이는 부모의 기질을 닮습니다.
부모가 평소 사용하는 언어의 특성부터 분석해보세요

연구소를 찾아온 생후 30개월의 여자아이는 단어로만 겨우 말을 했고 얼굴을 긁는 자해 행동을 하며 낯선 사람을 심하게 경계했습니다. 언어발달의 지연이 예상되었는데 발달 평가 결과도 다르지 않았습니다. 아이의 인지능력은 평균 25개월 수준, 비언어 영역은 27개월 수준, 언어 영역은 24개월 수준이었습니다. 운동발달의 경우에는 평균 21개월 수준으로 자기 나이의 70퍼센트 수준의 발달 상태를 보였습니다.

아이는 말놀이에 흥미를 갖지 않았으며 사람과 상호작용을 할 때 일부러 눈을 마주치지 않았고 얼굴에 표정도 없었습니다. 아이와 함께 온 아빠 역시 얼굴에 좀처럼 표정이 드러나지 않았습니다. 인지능력이 정상 범위임에도 아이가 말놀이에 흥미를 보이지 않는 것은 다른 사람과의 상호작용에 관심이 적은 아빠의 기질을 닮아 그런 것으로, 인지발달에 비해 언어발달이 늦되는 아이로 보였습니다.

그래서 엄마에게 색깔 이름과 '많다, 적다, 크다, 적다' 등의 추상적인 개념을 아이에게 가르칠 것을 권유했습니다. 다만 아이의 운동능력이 떨어져 말이 늦게 트일 수 있으므로 스트레스는 받지 말라고 했지요. 또한 아이가 스트레스를 받을 때는 '안 돼'라는 말 대신 '미안해, 고마워' 같은 부드러운 표현을 사용해야 하며 긴 문장으로는 말하지 않도록 조언했습니다. 더불어 남편과 대화할 때도 말을 너무 길게 하지 말고 남편이 해야 할 일에 순번을 매겨 간단명료하게 전달하라고 충고했지요.

열 달이 지난 후 연구소에 다시 방문한 아이의 언어이해력은 평균 37개월 수준으로 정상 범위에 들어왔습니다. 하지만 새로운 놀이 규칙을 말로 전하면 여전히 이해하기 어려워했습니다. 이런 경우 감정을 설명하는 말, 즉 추상성이 높은 개념을 이해하는 것을 힘들어할 수 있습니다. 생후 40개월의 아이가 추상적인 단어를 이해하지 못한다면 부모의 지속적인 지도가 필요합니다. 그리고 생후 60개월경에 아이의 언어발달 특성을 다시 점검해보아야 합니다. 정답을 요하는 학습 활동에는 어려움을 겪지 않지만, 상대방과 감정을 나누는 대화에 큰 불편을 느낄 수 있기 때문입니다. 실제로 비슷한 언어발달 특성을 가진 아이 아빠는 업무 능력은 뛰어났지만 아내와의 사소한 대화에는 큰 흥미를 느끼지 못했다고 합니다. 아이 아빠부터 상대방의 감정을 말로 공감하려고 노력해야 한다고 조언했습니다. 그래야 아이도 말로 상대방과 감정을 나누는 능력이 조금씩 향상될 것입니다.

Q&A

생후 30개월 된 아이입니다. 말은 아직 못하는데 기분이 좋을 때나 슬플 때 괴성을 지릅니다.

아직 말이 트이지 않아서 자신의 감정을 간단한 어휘나 문장으로 표현하지 못하는 것입니다. 아이의 언어이해력이 몇 개월 수준인지를 알아야 아이의 행동이 단순히 기질적인 특성인지, 아니면 언어이해력 발달이 더뎌 발생한 특성인지를 알 수 있습니다. 아이의 언어이해력부터 확인해 주세요.

생후 28개월 된 아이입니다. 스스로 말을 잘 하려고 하지 않고, 어른들의 말을 모방하려고 하지도 않아요. 사물이나 동물 흉내, '주세요'와 같은 요구 사항은 주로 행동으로 표현합니다. 말로 표현하도록 유도하면 짜증을 내거나 딴짓을 해서 언어 교육이 쉽지 않아요.

언어 교육은 말을 하도록 하는 것이 아니라 말을 이해하도록 하는 것이 목적입니다. 아이의 언어이해력 발달 상황부터 살펴보세요. 생후 28개월이면 '똑같다, 많다, 크다' 등의 개념을 이해하기 시작합니다. 일상에서 아이가 '똑같다, 많다, 크다'를 이해하는지 확인하세요. 언어이해력 발달에 문제가 없다면, 말을 하지 않는 것이 아니라 입술 주변의 움직임이 아직 발달하지 않아 말을 못하는 것이므로 억지로 말을 강요하지 마세요.

생후 34개월입니다. '엄마'를 제외하면 '뽀뽀'처럼 같은 소리가 반복되는 단어만 말합니다. 관심 있는 사물을 가리키는 단어도 아직 한 음절씩만 따라서 하고, 두 단어를 붙여서 말하지 못합니다.

 유아기의 언어발달 상태는 언어표현력이 아니라 언어이해력으로 진단합니다. 생후 34개월이면 짧은 이야기가 있는 그림책을 읽어줄 때 줄거리를 이해해야 합니다. 두 문장 이상으로 말할 때 엄마가 하는 말의 의미를 이해하려고 노력하는지 아이의 언어이해력을 점검해보세요. 언어이해력에 문제가 없다면 걱정하지 않으셔도 됩니다.

 생후 33개월입니다. 언어이해력도 뛰어나고 스스로 말도 잘합니다. 근데 자기 뜻대로 되지 않으면 소리를 지릅니다. 문장으로 말을 잘하는 아이가 왜 말로 하지 않고 소리를 지르는 것일까요?

 언어이해력 발달에 지연이 없다면 스트레스 상황에서 공격적인 행동을 보이는 것은 아이의 타고난 기질입니다. 아직 33개월이므로 아이가 스트레스 상황에서 공격적인 행동을 보인다면 야단치지 말고 아이에게서 멀어진 다음 침묵해보세요. 부모의 침묵은 아이의 행동이 마음에 들지 않는다는 의미로 전달됩니다. 아이가 공격적인 행동을 할 때 부모 역시 공격적인 태도를 취하면 아이의 행동이 더 심해집니다.

 생후 36개월입니다. 만 7개월에 미국에 가서 약 2년여 동안 생활하고 돌아왔습니다. 언어자극이 부족한 탓인지 언어발달이 좀 늦는 것 같습니다. 평소 아이는 또래에 비해서 떼나 울음이 심한 편이고 엄마, 아빠의 말을 자주 무시합니다.

 생후 24개월 이전에 미국에서 거주하였어도 집에서 부부간의 간단한 대화가 있었거나 아이와 짧게라도 말을 나누었다면 환경적인 원인으로 언어이해력 발달이 지연되지 않습니다. 아이가 엄마의 말을 무시하는 것이 언어이해력 지연으로 인한 것인지, 아이의 자기중심적인 기질 때문인지 살펴보세요.

생후 36개월에서 60개월까지
(35개월 16일 ~ 60개월 15일)

아이와 말로 대화하기

"
너와 대화를 나눌 수
있어서 참 기뻐.
그렇다고 해서
너에게 매번 길게
이야기하지는 않도록 조심할게.
"

말로 대화가 가능한 시기이므로 양육자는 아이에게 점점 더 많은 말을 하게 됩니다. 아이가 전부 이해할 수 있을 거라는 생각에 말이 길어지기도 합니다. 서로 기분이 좋을 때는 말을 길게 해도 즐거운 상호작용이 가능합니다. 하지만 양육자가 들어줄 수 없는 요구를 하며 아이가 울고 떼를 쓸 때, 그 이유를 길게 조목조목 이야기한다고 해서 아이가 양육자의 입장을 이해하기는 어렵습니다.

아이의 언어이해력이 높고 말을 잘한다고 해서 항상 양육자의 말을 이해하는 것은 아닙니다. 특히 아이가 떼를 부릴 때 매번 타협이 잘 되는 것은 아니지요. 스트레스 상황에서 타협하지 않는 기질의 아이는 양육자가 자신의 말을 들어줄 때까지 울거나 양육자의 말을 못 들은 척하기도 합니다. 이때 아이가 말을 알아듣는다고 생각하고 계속 길게 야단을 치면 아이는 오히려 양육자의 말을 듣지 않으므로 양육자는 더 큰 스트레스에 시달리게 됩니다. 아이와의 갈등이 지속되는 상황에서 아이에게 '말로 말걸기'와 '행동으로 말걸기'를 구분해서 시도해야 하는 시기입니다.

1

아이마다
다 달라요

말로 세상을 이해할 수 있어요

생후 36개월이 지나면 아이는 주변에서 들리는 다양한 문장으로 세상을 이해할 수 있습니다. 엄마가 전화로 나누는 대화를 옆에서 듣고 알아듣기도 하지요. '어제', '내일' 등 시간을 나타내는 말과 의문대명사의 의미도 이해할 수 있지만 아직 말이 트이지 않은 아이는 답변에 어려움을 겪을 수 있습니다. 그러므로 언어이해력 발달에 지연이 없다면 아이의 언어표현력 수준에 맞춰서 아이에게 말을 걸어주세요. 예를 들어 아직 문장으로 말하지 못하는 아이에게 "왜?" 혹은 "어땠어?"라고 질문하면 아이는 대답을 할 수 없습니다. 그러므로 아이가 '네', '아니오'나 간단한 단어로 답할 수 있도록 질문해야 합니다.

말이 트인 아이라도 '왜'라는 질문에 자신의 생각을 표현하는 어휘를 찾아서 대답하는 것은 쉽지 않습니다. 가능하면 '왜'라는 질문은 하지 않도록 하세요. 많은 양육자들이 아이에게 "오늘 어린이집에서 어땠어?"라고 묻습니다. 아이의 입장에서는 어린이집에서 여러 가지 일들이 있었으므로 무슨 대답을 해야 할지 막막하여 결국 "몰라"라고 대답하게 됩니다.

36개월 이후에는 "엄마는 ~하고, 너는 ~하잖아"라고 서로 다른 입장을 이야기하는 경우에도 아이는 눈치를 활용해서 양육자의 말을 이해할 수 있습니다. 단, 긴 문장에 흥미가 높은 아이는 양육자의 말을 열심히 들으면서 이해하려고 하지만, 흥미가 적거나 자기중심적인 성향이 강한 아이는 양육자가 자신의 의견에 반대하는 말을 길게 하면 듣지 않으려고 합니다.

아이가 긴 문장에 주의를 기울이게 하려면 말할 때 목소리나 표정, 몸짓에 변화를 더해서 아이의 이해를 돕는 것이 좋습니다. 우리나라의 전통적인 이야기 방법으로 할머니가 들려주시던 옛날 이야기가 있습니다. 할머니는 이야기를 들려줄 때 목소리와 표정, 몸짓을 전부 활용해서 아이와 눈을 맞추고 이야기를 전합니다. 아이로 하여금 할머니가 하는 말의 의미를 이해하려고 최대한 노력하게끔 유도하는 방법이지요. 전통적인 옛날 이야기 들려주기는 아이의 상태에 따라서 줄거리를 조금씩 바꿀 수 있으므로 말하는 사람의 창의력과 순발력이 요구됩니다. 단순히 언어자극만 제공하는 것이 아

니라, 아이의 상태를 세밀하게 관찰하면서 말하기 때문에 아이와 긴밀한 상호작용이 가능합니다. 반면에 동화책을 읽어주는 서양의 육아 방식은 아이와 책을 읽는 사람 모두 책에 집중해야 하므로 서로 눈을 맞추기 힘들다는 점이 매우 아쉽습니다. 아이에게 동화책을 읽어줄 때는 간간이 읽기를 멈추고 아이와 눈을 맞춰주세요.

아이마다 좋아하는 것이 달라요

언어이해력이 정상 범위에 속하면서 긴 문장에 흥미를 느끼지 않는 아이도 있습니다. 언어자극보다 눈으로 보고 손으로 탐구하는 비언어자극에 더 흥미를 느끼는 것이지요. 이런 아이는 퍼즐 맞추는 것을 좋아하고, 블록으로 새로운 모형을 만들면서 혼자서 한 시간은 거뜬히 놀 수 있습니다.

언어이해력이 정상이라면 아이가 흥미를 느끼지 못하는 그림책을 억지로 읽히려고 노력할 필요는 없습니다. 생후 36개월 이상이면 대부분 어린이집이나 유치원에서 생활하고, 이러한 기관에서 다양한 언어 놀이 프로그램이 제공되기 때문입니다. 일상에서 자주 쓰는 말을 이해하고, 문장으로 표현하지는 못해도 단어와 몸짓을 활용해서 자신의 의사를 정확하게 표현한다면 어린이집이나 유치원에서 돌아온 후에는 아이가 좋아하는 방식으로 놀게 하는 것이 좋습니다.

두 가지 언어를 익히기도 해요

36개월부터 아이를 영어 유치원에 보내는 양육자도 있습니다. 말에 대한 흥미가 높고 말이 일찍 트인 아이는 두 가지 언어를 접한다고 해서 모국어에 대한 이해력이 떨어지지는 않습니다. 하지만 말에 대한 흥미가 높지 않고 말이 늦게 트인 아이를 영어 유치원에 보내면 아이는 의사소통에 어려움을 느끼고 심한 스트레스를 겪습니다.

아기 때부터 집에서 할아버지가 영어로 이야기하고 할머니는 일본어로 이야기하는 경우, 일대일 관계에서 다양한 외국어를 자연스럽게 익힐 수 있습니다. 이런 상황에서는 다른 언어를 학습하는 것이 어색하지 않지요. 하지만 집에서는 한국어로 말하는데 유치원에서만 영어를 접한다고 해서 훗날 외국인과 자유롭게 의사소통이 가능한 것은 아닙니다.

언어이해력과 언어표현력이 모두 탁월한 아이는 두 가지 언어를 동시에 접하는 것이 언어발달에 부정적인 영향을 미치지는 않습니다. 하지만 언어이해력과 언어표현력이 다소 뒤처지고 비언어 영역의 발달이 우수한 경우, 만 3~5세에 영어를 접한다 해도 영어로 소통하는 능력이 발달하지 않습니다. 특히 언어이해력과 언어표현력이 우수하지 못한 아이를 만 5세 이전에 영어교육 관련 기관에 보내는 것은 권하지 않습니다.

● ● ● ● ● ● 2 ● ● ● ● ●

아이는 내 주장을
말과 행동으로 명확히 표현해요

말이 빨리 트인 아이 **긴 문장으로 말해요**

생후 36~60개월의 언어표현력은 말이 빨리 트인 아이와 그렇지 못한 아이 사이에 큰 차이를 보입니다. 말이 트인 아이는 긴 문장으로 말할 수 있습니다. 상황에 따라서 말을 만들거나 과거나 미래 시제를 이용해 '했었어', '할 거야'라고 이야기합니다. 만 4세가 되면 아이는 상황을 잘 모르는 양육자에게 일의 순서를 설명할 수 있습니다. 대화의 재미를 알게 된 아이는 계속 질문을 하기 때문에 양육자는 아이의 질문에 지치기 쉽습니다. 말은 트였지만 자신과 다른 생각을 이해하지는 못하므로 다른 입장을 들으면 "왜?"라고 계속해서 묻기도 합니다. 그러다가 만 5세가 되면 상대방의 입장을 이해하게 되어 "~할 때는 ~하고, ~할 때는 ~하자"라고 서로를 만족시키는 협상안을 스스로 내놓을 수 있습니다.

말이 트이지 않은 아이 친구들을 보며 스스로 말을 익혀요

언어이해력 발달 수준이 정상이라 할지라도 단어로만 자신을 표현하는 아이도 있습니다. 악력이 약하거나 균형 감각이 떨어지는 등 운동능력이 더디게 발달하는 아이에게서 자주 나타나는 현상입니다. 이 시기에 말이 트이지 않은 아이는 문장으로 길게 말하지 못하는 자신을 친구들과 비교하며 스스로 위축되기도 합니다. 어린이집이나 유치원에서 이뤄지는 대부분의 집단놀이는 높은 수준의 언어이해력을 요구하지 않기 때문에 활동에는 큰 어려움이 없습니다. 다만 또래들과 갈등 상황에 놓이면 자신의 입장을 표현하지 못하기 때문에 그로 인한 스트레스를 받을 수 있습니다.

아이가 표현을 어려워하면 초보 양육자는 조급한 마음에 아이에게 긴 문장으로 말하라고 요구합니다. 하지만 아이는 또래 집단에서 친구들의 말을 들으면서 발음을 익히고 긴 문장으로 말하는 법을 스스로 연습합니다. 아이는 말을 안 하는 것이 아니라 말이 안 나오는 것이므로 언어이해력이 정상 범위에 속한다면 인내심을 가지고 기다려주세요.

스트레스를 받으면 거친 행동으로 표현해요

아이가 긴 문장으로 말할 수 있다 하더라도 갈등 상황에서는 조리있게 말하기 어렵습니다. 따라서 아이는 스트레스를 받으면 '아니야', '안 돼', '싫어', '미워' 등 간단한 말로 자신의 생각을 표현합니다. 자신의 마음을 정확한 어휘로 표현하지 못하기 때문에 때때로 격한 표현을 쓰기도 합니다.

아이가 공격적인 표현을 쓸 때 나무라기보다는 아이의 속상함을 이해해 주세요. 만약 "동생을 죽여버릴 거야"라고 말했다면 "무슨 소리야! 동생

을 죽여버린다니?"라고 아이를 나무랄 필요는 없습니다. "알았어. 동생 때문
에 속상하구나" 정도로 이야기해 주는 것이 좋습니다. 심리적으로 상대방의
입장을 이해하기 어렵고 적합한 언어 선택이 힘들기 때문에 거친 표현과 함
께 소리를 지르거나 크게 울고 발버둥 치는 등의 과격한 반응을 보이기도 합
니다.

아이와 갈등할 때
소리 지르지 마세요

생후 36~60개월이 되면 아이는 상대방의 말을 이해하고 자신의 의견을 말할 수 있습니다. 상대방을 이해할 수 있다고 해서 아이의 떼가 줄지는 않습니다. 특히 스트레스 상황에서 공격성을 띠는 기질을 타고난 아이는 떼를 심하게 부리기도 합니다. 양육자의 말을 알아들으면 훈육이 쉬워질 것 같지만 여전히 말 잘 듣는 아이를 기대하기는 어렵습니다. 아이는 발달한 언어 이해력과 언어표현력을 대부분 자신의 주장을 내세우기 위한 수단으로 사용합니다. 양육자의 말을 듣지 않기 위해서 딴소리를 하거나 마치 알아듣지 못한 것처럼 행동하기도 합니다. 아이의 말이 트이면 육아가 쉬워질 것으로 기대한 양육자는 아이가 자기의 말을 알아들으면서 무시하고 있다고 생각하게 됩니다. 그 때문에 아이를 때리는 신체적인 가해나 아이를 비난하고 협박하는 정서적인 가해가 발생하기도 합니다. 아이와의 갈등 상황에서는 다음 내용을 참고하여 아이와 대화하는 것이 좋습니다.

양육자의 말을 듣지 않으려고 상황에 맞지 않는 말을 길게 할 때

아이가 일부러 상황에 맞지 않는 말을 길게 할 때가 있습니다. 이때는 아이의 말을 못 들은 척하며 양육자가 전달하고자 하는 말을 짧게 반복적으로 전달해야 합니다. 아이가 양육자의 말을 무시한다는 생각에 소리를 지르거나 격한 행동을 보이면 아이가 의도한 대로 반응하는 것입니다. 양육자가 아이의 의도대로 반응하면 아이는 지속적으로 양육자가 말하려는 주제와 상관없는 말을 길게 하게 됩니다.

양육자의 말을 못 들은 척하며 도망갈 때

아이가 양육자의 말을 못 들은 척하며 도망갈 때는 양육자의 말을 들었을 때 어떤 보상이 주어지는지에 대해서 말해보세요. 예를 들어 "여기 장난감을 같이 치우면 아이스크림을 먹을 수 있어요"처럼 아이가 양육자의 말을 들으면 발생하는 보상을 미리 알려줍니다. 아이가 양육자를 무시한다며 언성을 높이는 것은 바람직하지 않습니다.

공공장소에서 떼를 쓸 때

사람이 많은 곳에서 아이가 떼를 쓰면 초보 양육자는 당황할 수밖에 없습니다. 아이가 무작정 떼를 쓸 때는 일단 아이를 데리고 나와 주변을 서성거리며 관심을 다른 곳으로 돌려보세요. 이때 아이를 야단쳐서는 안 됩니다. 아이를 데리고 나와 야단을 치면 양육자의 힘에 끌려 나와 야단까지 맞고 있으므로 아이는 이중 체벌을 받는다고 느껴 더욱 반항할 수 있습니다.

동생을 때릴 때

동생이 있는 경우, 간혹 큰아이가 동생을 괴롭히기도 합니다. 언어이해력이 발달한 시기이므로 "동생은 아직 어린 아기니까 때리면 안 돼"라고 말하면 아이는 그 말의 의미는 이해합니다. 하지만 자신이 왜 동생을 때리고 싶은지 자신의 마음을 말로 표현하기는 어렵습니다.

아이는 양육자의 사랑을 나누어 가져야 한다는 억울함에 동생을 때리는 것입니다. 그러므로 동생 때문에 자신을 향한 양육자의 사랑이 줄어드는 것은 아니라고 느낄 수 있게 해주어야 합니다. 아이를 야단치기보다는 껴안아 줘서 큰아이가 양육자의 애정을 느낄 수 있도록 해주세요. 어떤 양육자는 큰아이가 약자를 괴롭히는 것처럼 느끼고 첫째를 심하게 야단치기도 합니다. 하지만 큰아이도 만 5세 미만의 유아라는 사실을 기억해 주세요.

● ● ● ● ● ● 4 ● ● ● ● ●

말로 훈육할 때
욱하는 감정을 조절하세요

이 시기에는 아이가 양육자의 말을 알아들으면서도 정작 행동은 바뀌지 않으니 오히려 화가 나는 일이 많아집니다. 화가 나는 자신의 심리 상태를 분석해 아이가 말을 듣지 않을 때 욱하는 감정을 조절하는 것이 중요합니다. 아이가 말을 듣지 않을 때 양육자가 느끼는 부정적인 감정은 보통 타고난 기질이거나 성장 과정에서 겪은 상처가 원인인 경우가 대부분입니다. 아이와 갈등을 겪으면서 과연 나는 어떤 기질을 가지고 태어났는지, 어떤 성장 과정을 거쳐 현재의 성격을 갖게 되었는지를 분석하는 것은 나 자신에 대해 이해할 수 있는 좋은 기회이기도 합니다.

아이가 자랄수록 갈등이 심해지고 감정이 상해 훈육이 과해지기 쉽습니다. 이를 예방하기 위해서는 양육자와 아이 사이의 규칙이 있어야 합니다. 양육자가 아이에게 기대하는 행동을 미리 이야기해 주세요. 예를 들어 어린이집에 가기 위해서 언제 일어나 옷을 입고 밥을 먹어야 하는지를 미리 알려줍니다. 동시에 시간대별로 엄마는 어떤 일을 해야 하고 아빠 역시 어떤 일을 해야 하는지 아이에게 말해주세요. 아이가 잠들기 전에 해야 할 일을 머리에 그릴 수 있게 도와주고, 아침에 일어나면 저녁에 그렸던 그림을 다시 상기시켜주어야 합니다.

양육자가 기대하는 행동을 했을 때 받게 되는 보상도 미리 말해주거나 아이와 함께 결정하는 것이 좋습니다. 아이의 행동 수정에는 벌보다 보상이 효과적입니다. 간식이나 장난감 등의 보상을 약속한 경우 나중에 준다고 미루면 양육자에 대한 신뢰가 깨지므로 보상에 대한 약속은 아이가 기대 행동을 하는 즉시 제공해야 합니다.

| 욱하는 양육자의 마음 분석하기 |

1. 아이가 말을 듣지 않을 때 내가 느끼는 감정을 세밀하게 분석하세요

"아이가 날 무시하는 것 같아서 우울해요.", "아이가 날 무시할 때마다 한 대 때리고 싶어요.", "저렇게 말을 안 듣다가 나중에 커서 어떻게 될지 불안해요." 등 양육자는 자신이 무시받고 있다는 느낌이나 아이에 대한 불안으로 화를 냅니다. 사람들은 아이가 자신의 말을 듣지 않을 때 당연히 화가 나고 불안해지는 것 아니냐고 말합니다. 하지만 욱하고 올라오는 감정들은 양육자 내면에 잠재되어 있던 분노와 불안이 아이와의 갈등 상황에서 불거지는 경우가 많습니다.

2. 배우자에게 아이와의 갈등 상황에서 자신의 모습이 어떤지 물어보세요

아내는 남편에게, 남편은 아내에게 상대방이 갈등 상황에서 어떤 행동을 보이는지 서로 알려주는 것이 좋습니다. 상대방을 비난하기 위해서 알려주는 것이 아니라 객관적인 관찰자 입장에서 아이를 대하는 모습이 어떤지를 알려주어야 합니다.

대다수의 경우 본인이 스스로 느끼는 것보다 아이에게 화를 더 많이 내게 됩니다.

갈등 상황에서는 상대가 나를 화나게 만들었다는 이유로 자신의 분노 표현을 정당화하기 때문이지요. 배우자가 동영상으로 아이와 갈등 상황에 놓인 모습을 찍어준다면 자신의 모습을 좀더 객관적으로 살필 수 있습니다.

3. 어린 시절 부모와의 애착 관계를 돌아보세요

자녀와의 갈등 상황에서 심한 분노나 불안을 느끼는 사람 중에는 어린 시절 부모에게 받았던 치유되지 못한 상처가 있는 경우가 많습니다. 어린 시절 부모와의 애착 관계를 돌아보며 현재 나의 모습 중 어떤 부분이 타고난 기질(쉽게 분노하거나 불안해지는 기준)이며 어떤 부분이 성장 배경에서 만들어진 것인지를 분석해보세요. 이 과정을 통해 자신의 상처를 인지하게 되면 아이와의 갈등 상황을 이겨내는 데 큰 도움이 됩니다.

4. 화내지 않고 말로 자신의 감정을 설명해 보세요

대부분의 사람들은 기분이 좋으면 상대방의 말을 잘 이해하고 자신이 하고 싶은 말 역시 유창하게 이야기할 수 있습니다. 하지만 협상을 위한 매우 중요한 수단임에도 불구하고 스트레스를 받는 상황에서는 말을 이해하는 능력과 표현하는 능력 모두 떨어집니다. 갈등 상황에서도 상대방의 말을 잘 이해하고, 화내지 않고 자신의 입장을 말로 설명하려면 훈련이 필요합니다.

양육자가 기분이 좋을 때는 아이가 조리에 맞지 않는 말을 하더라도 끝까지 잘 들어줄 수 있습니다. 양육자가 피곤하지 않을 때는 친절하다가 피곤할 때 갑자기 화를 심하게 내면, 아이도 양육자와 똑같이 기분이 좋을 때만 말을 잘하고 기분이 좋지 않을 때는 아예 말을 하지 않거나 화를 내게 됩니다. 특히 양육자 자신이 스트레스 상황에서 욱하는 성격이라면 자녀가 사춘기가 되기 전에 욱하지 않고 말로 설명하는 연습을 해야 합니다.

5. 체벌이나 정서적 학대는 삼가세요

훈육은 아이를 혼내는 것이 아닙니다. 양육자가 아이에게 기대하는 행동을 이야기하거나 갈등 상황에서 아이와 협상하는 과정입니다. 즉 양육자의 입장을 이야기하고 아이의 입장을 들어주는 일종의 의사소통 과정이지요.

우리가 어려서 경험한 훈육은 아이가 말을 듣지 않을 때 부모나 선생님이 야단을 치고 체벌을 가하는 방식이었습니다. 갈등 상황에서 어떻게 메시지를 전할지 모르는 상태에서 행해졌던 방법이지요.

생후 36개월 이후에는 아이가 문제 행동을 보일 때 말로 훈육하기보다는 양육자가 기대하는 행동을 미리 이야기해 주고 양육자의 말을 들을 때 어떤 보상이 주어지는지 알려주는 방법이 바람직합니다. '때릴 거야', '내쫓을 거야' 같은 언어 폭력이나 아이를 때리는 체벌은 자제하세요. 양육자가 감정적으로 아이를 대하는 것은 양육자 역시 아이처럼 감정조절을 못 하고 있다는 증거입니다.

"어린이집에서 적응하지 못하고, 발음도 이상해요"

아이가 발달상의 문제를 보인다고 항상 다 부모 탓은 아닙니다.
아이의 타고난 기질도 발달에 큰 영향을 끼칩니다.

36개월 된 남자아이를 데리고 부모가 연구소를 찾았습니다. 아이가 또래보다 말이 느리고, 친구들과 아빠가 자신을 사랑하지 않는다고 종종 이야기한다며 언어발달과 애착 형성에 문제가 있는 것은 아닌지 걱정했습니다.

발달 평가 결과, 언어이해력은 42개월 수준으로 우수했지만 운동능력은 평균 29개월 수준으로 또래들과 함께하는 신체 놀이를 어려워할 가능성이 높았습니다. 새로운 사물에 대한 흥미는 높으나 지구력이 많이 부족했습니다. 언어발달 측면에서는 약간의 발음 지연을 보이고 있었습니다. 운동능력이 좋지 않아 발생하는 문제라고 판단하여 1년 정도 기다린 후 나아지지 않으면 발음 교정을 위한 언어치료를 받기를 권했습니다.

아이는 운동능력이 썩 좋지 못해 어린이집에서 하는 율동 놀이, 신체 놀이,

그림 그리기 등 여러 활동에서 칭찬을 받지 못했습니다. 부모는 아이가 칭찬을 받지 못하면 상대방에게 갑자기 공격적인 행동을 보인다고 했습니다. 엄마는 아이가 또래보다 말이 더디고 감정조절능력도 떨어지는 것이 자신이 직장을 다니느라 태교를 잘하지 못해서 그런 것 같다며 죄책감에 시달리고 있었습니다.

생후 36개월에 언어이해력이 우수하지만 감정을 조절하지 못한다면 부모의 잘못된 양육보다는 아이의 타고난 기질에서 원인을 찾아야 합니다. 아이는 타고난 운동능력이 취약해 발음 지연을 보일 뿐이며, 상대방의 심리를 알아차리는 것보다 자신이 관심받는 것이 우선인 기질을 타고났으므로 쉽게 흥분하는 것이지요. 아이의 타고난 운동성과 기질로 인해 어린이집 적응을 힘들어하며 화를 내는 것이므로 엄마가 전적으로 죄책감을 느낄 필요는 없습니다.

친구들과 아빠가 자신을 사랑하지 않는다는 말을 자주 하는 것 역시 아이가 더 많은 관심과 애정을 받고 싶다는 의미로 받아들이면 됩니다. 칭찬을 받고 싶은 기질이 강하나 엄마가 육아에 지쳐 있어 아이의 욕구를 다 채워줄 수 없는 상태로 보였습니다. 이에 방문학습지 같은 일대일 수업을 통해 아이가 온전히 관심받을 수 있는 상황을 만들어보라고 권했습니다.

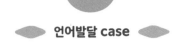

"언어 표현이 더디고
배변을 잘 못 가려요"

아이의 발달에는 환경적인 요소도 큰 영향을 끼칩니다.

아이의 발달 특성과 함께 양육 환경 역시 세밀하게 분석해 주세요.

49개월 된 아들이 또래보다 말이 더디고 갑자기 변을 가리지 못한다며 한 아빠가 상담을 요청했습니다. 아이는 어린이집에서는 또래들에게 맞으면서도 때리지 못하는데, 집에 오면 물건을 던지고 아빠를 때린다고 했습니다.

발달 검사 결과, 언어이해력은 평균 49개월 수준으로 언어발달상의 큰 문제는 없었습니다. 지능 검사를 하기 위해 퍼즐 맞추기 등의 놀이를 해보니 흥미도와 집중력 역시 매우 우수했습니다. 다만 질문에 말로 대답해야 하는 검사를 할 때는 갑자기 산만해지고 질문의 의미를 이해하지 못했습니다.

아빠 역시 혼자 관찰하고 분석하여 문제를 해결하는 능력은 매우 우수했으나 말로 자신의 감정을 표현해야 하는 상황에서는 쉽게 흥분하고 불안해하는 모습을 보였습니다. 또한 아빠는 아이를 지극정성으로 돌보다가도 갈등 상황에서는 쉽게 흥분하고 목소리를 높여 아이에게 상처를 주는 경우가 많았습니다. 중간에서 조율하며 아이를 다독거려주던 엄마마저 이혼으로 자신의 옆에서 사라지자 아이는 심리적인 충격으로 괄약근 조절을 하지 못해 배변에 문제가 발생한 것이었습니다.

비언어 지능은 우수하지만 질적 운동성과 언어이해력에 어려움이 있는 사례입니다. 질적 운동성이 떨어지므로 또래 친구들과 상호작용을 할 때 공격적인 행동을 하기가 매우 어렵습니다. 그래서 친구들에게 맞더라도 가만히 있게 되는 것입니다.

언어이해력이 정상 범위에 속하더라도 질적 운동성이 떨어지면 스트레스 상황에서 자기주장을 문장으로 만들어서 말하기가 어렵습니다. 대소변 조절과 말하기는 질적 운동성을 필요로 하는 일이기 때문에 심한 스트레스 상황을 맞이하면 말을 조리 있게 하기 어려워서 아빠를 때리는 행동을 하는 것입니다.

아이의 아빠도 비언어 지능의 수준은 높고 언어이해력도 정상 범위에 속하나 스트레스 상황에서 조리 있게 말하기가 어려운 발달 특성을 보이고 있습니다. 이혼이라는 큰 위기 상황이 아이와 아빠를 모두 욱하게 만들고 있는 것이지요. 아이는 아직 49개월이므로 아빠가 육아나 가사에 주변의 도움을 받아서 위기를 잘 극복할 방법을 찾아야 합니다. 본인이 감정조절이 잘 안 되는 기질을 가졌으므로 이혼 후 심리적 문제에 대해 상담이나 약물치료의 도움을 받는 것도 좋습니다. 아빠의 마음이 좋아져야 스트레스 상황에서도 아이를 잘 품을 수 있는 여유가 생깁니다.

"관심을 끌려고
엉뚱한 말을 해요"

아이의 모든 말에 관심을 보이고 호응하지 않아도 됩니다.

아이가 관심을 받기 위해 자기 말만 쏟아낸다면

상대의 말을 먼저 들어야 한다는 사실을 행동으로 가르쳐주세요.

친구들이 열 명 정도 있는 어린이집에서는 문제가 없었는데, 스무 명 정도 되는 유치원에서는 유독 적응을 힘들어한다는 생후 57개월의 남자아이가 있었습니다. 부모는 혹시 아이의 지능이 낮아서 유치원에 적응하지 못하는 것인지 알고 싶다고 했습니다. 유아 지능 검사 결과, 퍼즐 맞추기, 미로 찾기, 그림 따라 그리기 등 눈으로 보고 판단해 문제를 해결하는 동작성 지능과 상대방을 이해하고 자신의 생각을 문장으로 표현하는 언어성 지능 모두 정상이었습니다. 하지만 아이의 심리 검사 결과, 내면의 불안이 크고 관심받고 싶은 욕구가 매우 강한 상태였습니다.

아이는 불안정한 심리 상태로 인해 정확한 어휘를 선택하지 못한 채 자기가 하고 싶은 말만 했습니다. 그러므로 말은 많이 했지만 무슨 말을 하는지 이해하기가 매우 어려웠지요. 아이도 의미 있는 말을 하려고 하기보다는 자신에게 관심을 향하게 하기 위해서 말을 하는 것이었습니다. 아이의 말을 이해하기 위해 질문을 하면 아이는 질문을 이해하려 하지 않고 계속해서 자기 말만 이어 갔습니다. 관심을 받기 위해서 엉뚱한 말만 하니 또래 집단에서 친구들이 아이를 피한 것이지요.

지능이 정상 범위에 속하므로, 아이가 상처받을 것이 두려워 소집단에 보내는 것보다는 지금처럼 계속 대집단에 보내는 것이 의사소통 능력을 키우는 데 도움이 될 것이라 조언했습니다. 또래들이 많은 집단에서 생활하면 아이의 말을 교사가 잘 들어주기 어렵습니다. 아이는 교사에게 관심을 받기 위해서 자신이 말을 하기 전에 교사의 말부터 잘 들어야 한다는 것을 자연스럽게 학습하게 되지요.

아이가 관심받고 싶은 마음에 상대가 하는 말을 귀담아듣지 않고 자기 말만 한다면 부모는 아이의 말을 못 들은 척 연기해도 좋습니다. 우선 상대의 말에 귀 기울이고 이해해야 관심을 받을 수 있다는 사실을 꾸준히 행동으로 알려주면 아이의 태도는 바뀔 수 있습니다. 아이가 무슨 말을 하든 상관없이 부모가 열심히 들어주기만 했으므로 아이는 사람들의 관심을 끌고 싶을 때마다 항상 엉뚱한 말을 한 것입니다.

"생후 43개월 아이가
문장으로 말을 못해요"

아이의 발달이 더디다고 부모 곁에서만 아이를 양육하지 마세요.

다양한 언어자극을 접할 수 있는 또래 집단 활동으로

아이의 언어이해력을 키워주세요.

생후 43개월 된 남자아이가 연구소를 찾아왔습니다. 처음 보는 장소와 낯선 사람에 대한 거부감 없이 아이는 연구소에서 잘 놀았습니다. 하지만 아이는 생후 17개월에 처음 걸었고 아직 말도 트이지 않은 상태였습니다. 전반적으로 발달이 더딘 아이가 불안해 엄마는 생후 36개월이 되도록 아이를 어린이집에 보내지 않고 곁에 두고 키웠다고 했습니다. 말이 트이지 않아 1년 넘게 언어표현력을 강화하는 언어치료도 받고 있었습니다.

언어이해력과 언어표현력, 운동능력에 어려움을 보이는 상황으로 언어이해력을 키우기 위한 인지 학습이 필요한 상태였습니다. 이런 발달 특성을 보이는 아이는 간단한 단어는 모두 이해하지만, 문법이 들어가는 문장은 이해하지 못합니다.

예를 들어 "사과와 토마토를 아버지에게 주세요"라고 말하면 아이는 사과만 아버지에게 줍니다. "사과와 토마토를 먹어요"라고 하면 아이는 역시 사과만 먹습니다. '~와'의 의미를 이해하지 못하기 때문이지요. "안 자고 있는 아이가 어디 있어요?"라고 물으면 아이는 자고 있는 아이를 가리킵니다. '안'이라는 부정어를 무시하기 때문입니다. 반면에 "자고 있지 않아요"라고 말하면 안 자고 있는 아이를 찾을 수 있지요. '~않아요'가 문장 마지막에 나왔기 때문에 이를 기억해 자고 있지 않은 아이를 가리킬 수 있습니다.

운동능력이 발달하지 않아서 아이가 말이 트이지 않은 것이므로 생후 60개월까지는 스스로 말할 수 있도록 기다려야 합니다. 동시에 문법이 들어가는 문장의 의미를 이해시키기 위한 인지 학습이 필요합니다. 소규모의 프로그램보다는 보육 중심의 어린이집에 보내고 가정에서는 언어이해력 향상을 위한 일대일 학습 프로그램을 제공하는 것이 좋습니다. 아이의 언어발달이 더디다고 집에서만 아이를 키우지 마세요. 다양한 언어자극을 접할 수 있는 또래 집단 활동을 통해 아이는 언어이해력과 사회성을 향상시킬 수 있습니다.

"또래보다
말을 이해하지 못해요"

또래보다 언어이해력이 떨어진다고 해도
부모와 아이가 꾸준히 노력하면 극복할 수 있습니다.
시간과 노력의 힘을 믿어보세요.

한 엄마가 어린이집에서 발달 평가를 권유받았다며 연구소를 찾았습니다. 37개월 된 남자아이였는데, 아이는 비언어 영역에서는 최대 27~29개월 수준의 문제 해결이 가능했으나 언어이해력은 최대 19~21개월로 자기 나이의 56퍼센트 수준에 불과했습니다. 낯선 사람을 어려워하지 않고 새로운 것에 흥미도 느꼈지만, 언어이해력이 제대로 발달하지 않아 질문을 이해하지 못했습니다. 비언어 영역의 발달은 원활하게 이루어져 말을 이해하지 않아도 되는 검사만 가능했습니다.

언어이해력이 또래보다 떨어지는 아이는 선생님의 지시를 따라야 하는 놀이를 할 때, 친구들은 규칙을 이해하는데 본인만 이해하지 못하는 상황이 발생합니다. 그로 인한 스트레스로 아이는 엉뚱한 말을 하면서 놀이를 방해하지요.

연구소를 찾아온 남자아이 역시 또래들이 스트레스를 받을 때 습관적으로 하는 "내 꺼야"라는 말을 상황에 맞지 않게 하고 있었습니다.

　　'많다', '적다', '크다', '작다'와 같이 양과 크기를 비교하는 말을 알려주는 등의 언어이해력을 21개월 수준 이상으로 높이기 위한 다양한 언어 놀이 방법들을 전달한 후 아이는 생후 51개월에 다시 연구소를 찾았습니다. 발달 평가 결과, 언어이해력이 평균 37개월 수준으로 자기 나이의 73퍼센트까지 향상되어 있었습니다. 검사자의 질문을 이해하지 못하는 경우에도 눈을 피하거나 도망가지 않고, 질문의 의미를 다시 이해하려고 노력하는 모습을 보였지요. 언어이해력에 심한 지연을 보이면서도 상대방의 말을 이해하기 위해서 자리에 앉아있는 것을 '적응 상태'라고 이야기합니다. 자신의 언어이해력이 부족하다는 사실을 알고 노력하는 것이지요.

　　언어이해력 발달이 더딘 아이는 생후 24개월경부터 수준에 맞는 인지학습을 시킨다고 해도 2년 만에 언어이해력이 자기 나이의 80퍼센트 수준까지 올라오지는 않습니다. 하지만 노력하는 자세로 지속적인 학습이 이루어지면 초등학교 입학 전에는 자기 나이의 80퍼센트에 해당하는 언어이해력을 갖출 수 있습니다.

　　이 아이도 생후 57개월경에 다시 유아 지능 검사를 실시했는데 정상 범위에 속하는 언어이해력과 언어표현력을 보였습니다. 이는 부모와 아이가 함께 올바른 방향으로 노력한 결과입니다. 언어발달이 지연되는 것을 애착 문제 때문이라고 생각하고 아이와 함께 놀기만 하는 부모도 있습니다. 하지만 단순 놀이로는 아이의 언어이해력을 향상시키기 어렵습니다. 언어이해력을 높일 수 있는 학습이 같이 이루어져야 합니다.

Q&A

 48개월 된 딸을 키우고 있습니다. 목소리 크기를 잘 조절하지 못해 작게 얘기하는 연습을 시키면 잠시 목소리가 작아졌다가 금방 커집니다. 존댓말과 과거 시제를 사용하기는 하지만, 조사를 많이 빠트리고 단어나 문장을 연결하는 것을 어려워합니다.

 아직 유창하게 말을 하지 못하는 경우입니다. 목소리 크기를 조절하는 것은 아이의 운동능력과 관련이 있습니다. 연필로 그림을 그릴 때 정확하게 그리는지, 한 발을 들고 안정된 자세로 서 있는지를 살펴보세요. 운동발달의 지연을 보인다면 시간을 두고 기다려주어야 합니다. 언어이해력 발달에 문제가 없다면 목소리 조절이 잘 되지 않고 유창하게 말하지 못하는 것은 1년 정도 더 기다리셔도 괜찮습니다. 아이가 말을 유창하게 하는 것보다 말을 잘 알아듣는 것이 중요합니다. 부모가 유창하게 말하도록 요구하면 아이는 다른 사람과 말하는 것을 두려워하게 됩니다. 아이가 유창하게 말하지 못해도 끝까지 아이의 말을 들어주고 천천히 또박또박 말을 걸어주세요. 그래야 아이가 말하는 것을 두려워하지 않습니다. 특히 아이가 있는 자리에서는 다른 사람에게 아이의 언어발달 때문에 걱정이라는 말을 하지 않도록 유의하세요. 아이 스스로 말을 유창하게 하기 위해 노력하는 중이므로 1년만 더 기다려 주시 길 바랍니다.

 60개월 된 아들이 있습니다. 말도 일찍 트였고 의사소통에 전혀 문제가 없던 귀여운 아이였습니다. 쌍둥이 동생들이 처음 태어났을 때는 별다른 행동을 보이지 않았으나, 작년 말부터 동생들을 때리기 시작하고 동생들이 싫다거나 죽었으면 좋겠다는 말을 하기도 합니다. 현재 큰아이는 듣기 싫은 말에는 대답도 하지 않고, 원하는 것을 하지 못하게 하면 무작정 떼를 쓰거나 때리고 말을 듣지 않아요.

말을 잘 알아듣고 잘하는 아이라도 스트레스 상황에서는 차분하게 말을 하기 어렵습니다. 부모님이 스트레스 상황에서 아이에게 어떻게 말했었는지를 먼저 살펴보세요. 부모가 기분이 좋을 때는 아이에게 차분하게 말하고, 스트레스를 받으면 공격적인 태도를 보이는 경우에 아이의 부정적인 표현과 떼는 심해집니다. 스트레스 상황에서도 공격적이지 않은 태도로 아이에게 말을 거는 연습이 필요합니다. 아이가 부정적으로 말할 때는 못 들은 척하시고 관심을 보이지 말아주세요. 자기도 모르게 공격적이고 부정적인 말투가 나오는 것이므로 크게 야단치지 말길 바랍니다.

큰아이만 데리고 노는 시간을 갖는 것도 좋습니다. 관심받고 싶은 마음을 부모가 알아준다고 느끼면 큰아이의 분노도 줄어들게 됩니다. 큰아이가 어린 동생들을 괴롭힌다는 생각에 크게 야단치기 쉽지만, 아직 큰아이도 5살의 어린 아이라는 것을 잊지 마시고 부모의 애정과 관심을 보여주세요.

36개월 된 딸의 발음이 정확하지 않습니다. 평소에 멍하니 입을 벌리고 있는 것도 발음과 연관이 있는 걸까요? 제 말은 잘 알아듣는 것 같은데, 막상 본인이 말을 할 때는 발음이 새는 것 같아 걱정이 됩니다. 발음 교정을 위한 언어치료를 받아야 할까요?

혀와 구강 구조, 입술의 세밀한 움직임, 호흡, 침 삼키기 등 여러 운동 기능 간의 협응이 원활하지 않다면 아이의 발음이 정확하지 않을 수 있습니다. 어려서부터 항상 입을 벌린 채 숨을 입으로 쉬면 코로 숨 쉬는 것을 어려워하고 입술 주변의 근력도 강화되지 않습니다. 이로 인해 정확한 발음을 하기까지 더 많은 시간이 걸립니다.

만 3세가 되면 'ㅉ, ㅅ, ㅆ, ㄹ'를 제외한 대부분의 발음을 따라 할 수 있습니다. 문장으로 말하지는 못해도 단어를 모방하는 일은 가능하지요. 입술 주변의 운동 기능이 발달해 만 4세 이후에는 'ㅅ' 계열 및 'ㅈ, ㅉ, ㄹ' 등의 발음이 가능하므로 아이의 발음이 정확하지 않아도 만 4세까지는 자연스럽게 교정되기를 기다려주세요.

만 4세 이후에도 특정 발음을 어려워한다면 3~4개월 정도 발음 교정을 위한 언어치료를 받는 것이 좋습니다. 만일 언어이해력, 언어표현력 모두 발달이 더디다면, 언어표현력을 높이는 언어치료보다 언어이해력을 향상시키는 언어 학습이 먼저 이뤄져야 합니다. 그러므로 아이의 언어표현력에 문제가 있다면 언어이해력 수준부터 평가해보세요. 언어이해력이 정상 범위에 속하면서 언어표현력에만 문제가 있다면, 언어표현력이 발달하는 과정이니 만 4~5세까지는 스스로 나아지기를 기다려주세요.

48개월 된 아들이 처음 만나는 사람 앞에서 흥분하거나 말을 더듬습니다. 아이가 말을 더듬을 때 모르는 척 넘어가줘야 할지, 또박또박 말하라고 지적해야 할지 모르겠습니다.

말을 더듬는 증상은 대부분 아이가 하고 싶은 말을 하기 위해서 정확한 어휘를 찾으려고 긴장하기 때문에 발생합니다. 상황에 맞는 단어로 말하려고 하다 보니 스트레스를 받아서 말을 더듬는 현상이 더 심해지는 것이지요.

만 3세 이후의 아이가 말을 더듬는다면 유창하게 말을 하기 위한 과정 중 하나이므로 모르는 척 기다려주세요. 아이가 말을 더듬을 때 부모가 긴장하거나 관심을 과하게 주면 아이는 부모의 관심을 받기 위해서 자기도 모르게 지속적으로 말을 더듬게 됩니다. 긴장하면 눈을 깜박이거나 말과 상관없는 동작을 하기도 합니다. 단어를 생각하는 시간을 벌기 위해 '저기', '근데' 등의 말을 하면서 눈 맞추는 것을 피하기도 하지요.

아이가 긴장하고 말을 더듬으면 부모는 답답함과 불안함을 느끼고, 아이의 말을 기다리지 못하고 조급해집니다. 하지만 부모의 부정적인 감정이 아이에게 전달돼서는 안 됩니다. 부모는 아이가 하는 말을 끝까지 들어주려고 노력해야 합니다. 시간이 걸려도 자기가 노력하는 한 부모는 포기하지 않고 기다려줄 것이라는 마음을 아이가 느낄 수 있어야 하지요. 말을 더듬는 아이의 말을 들어주는 일은 부모에게도 힘든 일입니다. 바쁜 상황에서는 아이에게 빨리 말하라며 재촉하기보다는 "미안해. 엄마가 지금 바빠서 그러니까 조금만 기다려줘"라고 이야기해 주세요.

부모가 아이에게 "천천히 말해볼래?", "숨 한번 쉬고 말해봐", "다시 정확하게 말해봐" 등의 지시를 천천히 전달하면 도움이 되기도 하고, 그렇지 않기도 합니다. 천천히 숨을 쉬는 연습은 필요하지만, 자신이 정확하게 말하지 못하고 있다는 사실을 부모가 인지하고 있다고 느끼면 아이는 더욱 긴장하기 때문입니다. 아이의 호흡 조절을 위해서 한 번 정도는 "천천히 말해볼래?"라고 말하되, 그 지시가 반복되지 않도록 조심하세요.

아이의 말을 끝까지 들었는데도 의미를 못 알아들었다면 "정말 미안해. 엄마가 못 알아들었어"라고 이야기해 주세요. 여기서 '미안해'는 엄마가 잘못했다는 의미가 아니라 아이는 열심히 말했고 엄마도 알아들으려고 애썼지만, 결국 말을 이해하지 못한 상황에 대한 유감을 표현하는 것입니다.

또한 아이가 갑자기 말을 더듬는다면 최근에 아이가 심한 스트레스를 겪을 만한 일이 있었는지를 살펴보세요. 운동 조절 능력이 부족한 아이는 환경의 변화 등으로 심한 긴장을 겪으면 발음과 관련된 운동 기능을 더욱 억제하게 되어 말을 더듬기 때문입니다. 가벼운 말더듬 증상은 아이의 긴장 상태에 따라서 발생했다가 없어지기를 반복하면서 만 7세경에는 대부분 사라집니다.

같이 박사 과정을 밟고 있던 동료가 말을 더듬었습니다. 말더듬 증상을 조금 심하게 보였지만, 자신의 의견을 이야기하는 데는 조금도 주저함이 없었습니다. 오랜 시간 여러 이야기들을 나누면서 그녀가 부모의 극진한 사랑과 보살핌 속에서 자랐다는 사실을 알게 되었지요. 어려서부터 말을 더듬던 딸에게 그녀의 부모님은 한없이 긍정적인 관심과 사랑을 주었습니다. 자신이 말을 더듬어도 불안해하지 않았던 긍정적인 부모 밑에서 성장하면서 말을 더듬는 증상으로 위축되거나 사회생활에 지장을 받지 않게 된 것입니다. 본인의 밝은 기질과 부모의 긍정적인 양육 태도는 말을 더듬으면서도 사람들과 적극적인 의사소통을 할 수 있는 사람으로 성장시켜준 것입니다.

CHAPTER

8

우리 아이 말 트이기

말이 안 트이는 우리 아이,
어떻게 해줘야 하나요?

> "
> 말이 늦게 트인다고 해서
> 자폐스펙트럼 장애나
> 언어 장애를 가진 것은
> 아니에요
> "

말이 트이지 않거나 문장으로 말을 하지 못할 때, 초보 양육자는 아기의 언어발달에 진전이 없다고 생각되어서 많이 불안해집니다.

언어발달을 위해서는 말을 많이 해주어야 한다는 육아 정보를 접하게 되면, 혹시 집에서 아기에게 언어자극을 덜 주었거나 혹은 충분히 놀아주지 않아서 아기가 말이 늦게 트이는 것인지 걱정이 되고 죄책감이 들기도 합니다. 도움을 얻기 위해서 육아서적을 찾아보고 인터넷을 검색해보다가 자폐스펙트럼 장애라는 진단명을 접하게 되면 심한 불안감으로 밤잠을 이루지 못하기도 합니다.

말이 늦게 트이는 것의 원인은 여러 가지입니다. 말이 늦게 트인다고 해서 양육자가 언어자극을 충분히 주지 못해서 그럴 것이라고 오해하면 안 됩니다. 더 나가 자폐스펙트럼 장애를 의심해서도 안 됩니다. 이 챕터에서는 전문적인 도움이 필요하지 않은, 단순히 말이 늦게 트이는 경우와 다양한 발달장애 때문에 언어이해력과 언어표현력이 같이 지연되는 경우를 설명하고자 합니다.

●●●●●● 1 ●●●●●●
말만 늦게 트이는 경우

언어이해력은 또래 친구들과 비슷한데[*] 아직 말이 트이지 않은 경우가 있습니다.

생후 24개월경인데 말을 한마디도 못하고 외계어처럼 웅얼웅얼거리거나, 생후 36개월이 되었는데도 '엄마', '아빠', '물', '차' 정도의 몇 단어만 말할 수 있는 경우를 봅시다. 이런 경우 언어이해력을 평가했을 때 자기 나이의 80퍼센트 이상의 수준을 보인다면 말만 늦게 트이는 상태라고 진단하게 됩니다. 말만 늦게 트이는 경우에는 가족의 도움이 필요할 때 팔을 잡아서 끌거나 손짓으로 무언가를 말하려고 노력하는 등, 가족과 상호작용을 하려는 모습을 보이게 됩니다. "우유 줄까?", "물 줄까?"라고 물었을 때 고개를 끄덕이거나 우유나 물을 쳐다보는 반응을 보입니다.

이런 아이들은 기질에 따라서 심한 떼를 부릴 수 있습니다. 이는 말이 트이지 않아서 행동이 과격해지는 것이 아니라 아이의 타고난 기질이 쉽게 스트레스를 받고 그 반응을 강하게 표현하는 '디피컬트 베이비'이기 때문일 수 있습니다. 말이 늦게 트이니 스트레스 상황에서 답답함에 화를 크게 내

• 언어이해력이 자기 나이의 80퍼센트 이상인 경우 정상 수준으로 본다. 아이가 36개월일 때 언어이해력이 29개월 이상이라면 정상 범위라고 볼 수 있다.

는 것입니다. 아이의 기질적인 요인을 배제하고 단순히 말이 트이지 않아서 행동이 과격해진 것으로 오해하는 일이 없어야 합니다.

양육자가 이해하기 쉽게 말을 걸어오는 '이지 베이비'이면서 말만 늦게 트이는 경우도 있습니다. 이런 아이들은 얼굴 표정과 몸짓 등으로 의사소통을 시도하므로 어린이집 적응이나 일상적인 상호작용에 큰 어려움을 보이지 않습니다.

이렇게 말만 늦되는 아이의 경우에는 구강과 입술 주변의 운동기능이 떨어져 말이 늦게 트이는 것이므로 말을 트이게 하기 위한 적극적인 언어치료는 권하지 않습니다.

생후 36개월 이후에 문장으로 말이 트인 다음 발음이 정확하지 않다면 발음을 교정하기 위한 언어치료를 시도할 수 있습니다. 물론 반드시 발음 교정이 필요한 것은 아닙니다. 아이는 생활하면서 스스로 발음 교정을 하면서 성장하기 때문에 만 5세까지는 스스로 정확한 발음을 할 수 있도록 기다려줄 수도 있습니다.

언어이해력이 정상 범위에 속하면서 말만 늦게 트인 경우, 사회성 발달에는 아무런 지장이 없습니다. 의사소통은 꼭 말로만 하는 것이 아니라 얼굴 표정과 손짓, 몸짓으로도 이루어집니다. 따라서 말이 늦게 트여도 친밀도가 낮지 않은 경우에는 또래 집단 활동에 크게 영향을 미치지 않게 됩니다. 외국에서 온 친구가 한국말을 잘 못해도 친밀감에 어려움이 없다면 한국 어린이집에서 눈치껏 또래 친구들과 어울릴 수 있는 것과 같습니다. 36개월 경에 아직 말이 트이지 않아도 언어이해력이 정상 범위에 속한다면, 아무리 늦어도 만 5세에는 문장으로 말을 하게 되므로 말이 트이기를 기다려준 친구들과의 우정을 쌓는 일에도 어려움이 발생하지 않습니다. 물론 자존감 형성에도 문제가 없습니다.

아직 말할 준비가 되어 있지 않아서 말만 늦게 트이는 아이에게 억지로 말하기를 강요하면 오히려 자존감이 낮아지게 됩니다. 이런 경우 아이가 언어치료를 거부하지 않는다면 아이의 혀와 입술의 움직임, 숨 쉬기, 침 삼키기 등의 운동성을 도와주는 언어치료를 시도해 볼 수 있습니다. 또한 언어치료의 도움을 받을 수도 있지만 말하기를 위한 운동기능이 자연성숙에 의해 좋아지기를 48개월 이후까지 기다려줄 수도 있습니다.

| 말이 늦게 트이면 자존감이 떨어지고 사회성 발달에 지연을 가져올까? |

"36개월에 말이 트이지 않으면 사회성 발달이 어렵고 자신감을 갖기 어렵다. 아이에게 자존감을 키워주는 일은 36개월 이전이 매우 중요하므로 36개월에 이전에 말이 트여야 한다"라고들 합니다. 과연 36개월 이전에 말이 트이지 않으면 자존감이 떨어지고 사회성이 떨어지는 아이로 성장하게 될까요? 말이 늦게 트이는 아이 late talker에 대한 연구결과는 다음과 같습니다.

연구결과1

24개월에 말이 트이지 않은 하위 15퍼센트의 아이들을 17세까지 추적 관찰했습니다. 5세 이전에는 떼가 심한 경향을 보였지만 5세 이후에는 17세까지 정서적인 문제를 보이지 않았습니다.

연구결과2

24~31개월에 말이 트인 아이들과 말이 트이지 않은 아이들 모두 60개월에는 정상 범위의 말하기가 가능했습니다. 6~7세의 읽기 능력도 24~31개월에 말이 트인 아이들과 그렇지 못한 아이들 사이에 큰 차이를 보이지 않았습니다.

연구결과3

24개월에 말이 트이지 않은 서른일곱 명의 아이들에게 5개월 동안 언어치료를 하지 않고 생활하게 한 후 말하기 능력을 평가했습니다. 말하기를 도와주는 언어치료를 하지 않았지만 모두 5개월 후에는 말하기가 향상되어 있었습니다. 하지만 24개월에 인지능력이 정상 범위에 속하지 않은 아이들은 만 5세 이후에 더 심한 언어표현력의 지연을 보였습니다.

어느 시기에 반드시 말이 트여야 한다는 강박에 너무 시달리지 마세요.

언어이해력이 정상 범위에 속한다면 36개월 이전에 말이 트이지 않아도 이후 충분한 또래 관계와 경험을 통해 언어능력을 습득해 나갈 수 있습니다. 말이 늦게 트였다고 정서적인 문제나 읽고 말하는 능력에 문제가 생기는 것은 아니니 조급해하지 말고 아이의 언어이해력 수준을 잘 파악해 주세요.

2

자폐스펙트럼 장애의 경우

자폐스펙트럼 장애는 말만 늦게 트이는 경우와는 조금 다릅니다. 우선 사람에 대한 친밀감이 현저하게 떨어집니다. 양육자가 아이에게 애정을 표현하거나 화를 내도 아이는 양육자의 감정에 반응을 보이지 않습니다. 양육자는 아이에게 자신의 감정이 전달되지 않는다는 느낌을 받기 때문에 아이와의 상호작용에서 크게 좌절감을 느끼게 됩니다.

보통은 아기가 생후 4개월만 지나도 얼굴 표정을 통해 상대의 기분을 파악하고 행동하려고 합니다. 하지만 자폐스펙트럼 장애를 가진 경우 생후 4~6개월경부터 의식적으로 사람의 눈을 피한다는 느낌을 받을 수 있습니다. 장난감은 항상 관심 있게 쳐다보는데 양육자가 아기와 눈 맞춤을 시도하려고 하면 아기는 눈을 돌려버립니다. 생후 8~10개월경에도 까꿍 놀이에 전혀 관심을 보이지 않습니다.

자폐스펙트럼 장애가 아니라, 단지 사람보다는 장난감을 가지고 노는 것을 좋아하는 아기들의 경우, 때때로 눈도 맞추고 가끔이지만 미소도 보여주고 까꿍 놀이를 열 번 시도하면 한 번 정도는 즐겁다는 표정을 보여주기도 합니다. 하지만 사람보다 장난감과 노는 것을 좋아하는 아기의 특성을 배려해주지 않고 반복해서 아기를 부르며 호명 반응을 확인하고 억지로 눈 맞춤을 시도하면, 아기는 스트레스를 받아서 12개월이 지나면서는 아예 양육자의 말에 반응을 하지 않게 되기도 합니다. 따라서 12개월 이전에 아기가 보인 친밀감이 어느 정도였는지가 자폐스펙트럼 진단에 중요한 요인이됩니다.

말을 전혀 사용하지 않는 '무발화'나 말이 늦게 트이는 것은 자폐스펙트럼 진단의 한 요소일 뿐입니다. 생후 12개월 이전, 아기의 친밀감과 언어이해력을 정확하게 진단내리지 않고 생후 24개월경에 아이의 무발화나 말이늦게 트이는 증상만으로 자폐스펙트럼 장애를 의심하면 안 됩니다. 따라서말만 늦게 트이는 경우를 자폐스펙트럼으로 오진해서 놀이치료를 하는 안타까운 일이 없어야 하겠습니다.

3
수용성-표현성 복합 언어장애의 경우

자폐스펙트럼 장애로 오진되는 많은 경우가 수용성-표현성 복합 언어장애입니다. 수용성-표현성 복합 언어장애는 언어이해력이 24개월 수준 이상으로 올라오지 않는 경우를 말합니다. 사물명을 인지하는 것은 곧잘 합니다. 알파벳 A, B, C를 읽을 수 있고 한글 읽기도 가능합니다. 하지만 문법을 이해하는 것이 어려워서 24개월 이후에도 동문서답을 하는 경우가 생깁니다. 문장으로 말을 하더라도 동화책에서 읽어준 문장을 기억해 그대로 말하는 경우가 많습니다.

말이 늦게 트이므로 언어표현력의 지연이라고 생각될 수도 있습니다. 하지만 일차적인 발달 문제는 언어이해력이 시간이 지나면서 자연스럽게 향상되지 못한 것입니다.

'지우개가 많이 있다'라는 문장이 아이의 귀에는 '지우개' '많이' '있다'만 들리게 됩니다. 혹은 '지우개 가만히(가 많이) 있다'로 이해되기도 합니다. 우리가 영어로 된 문장을 들을 때, 영어의 문법은 이해가 되지 않고 단어만 들릴 때의 현상과 같습니다. 귀에 들린 단어로 그 문장의 의미를 추정하려고 노력하듯이 아이도 귀에 들어온 단어만 가지고 말의 의미를 추정하려고 노력하므로 말로 의사소통을 할 때는 항상 긴장하게 됩니다. 따라서 양육자가 말을 하면 못 알아들을까 봐 끝까지 듣지 않고 자꾸 다른 곳으로 가버리는 것입니다.

간단한 단어 이해로 의사소통이 가능한 생후 18개월에서 24개월까지는 사람과의 상호작용에 큰 어려움을 보이지 않습니다. 하지만 어린이집에서 선생님이 여러 문장으로 설명하는 놀이의 규칙을 이해하지 못하므로 선생님이 친절하게 말을 걸어도 피하게 됩니다. 누가 말을 걸어올까 봐 겁이 나 집단에서 벗어나 혼자서만 놀게 되므로 어린이집에서 자폐스펙트럼 장애를 의심받게 됩니다.

자폐스펙트럼 장애와 수용성-표현성 복합 언어장애의 가장 큰 차이점은 사람에 대한 친밀감입니다. 수용성-표현성 복합 언어장애인 경우에는 사람을 매우 좋아하는데 문장으로 말하기가 늦어져서 오랜 기간 단어로만 말하고, 양육자가 친절하게 긴 문장으로 말하면 회피하게 됩니다. 4세 이상의 경우에는 사람들이 자기에게 말을 걸지 못하게 하려고 자기가 아는 말을 계속 떠드는 증상을 보이기도 합니다. 사람과 상호작용은 하고 싶고 관심도 받고 싶은데, 상대방이 자기가 이해하지 못하는 질문을 할까 봐 미리 자기가 아는 말들을 상황에 상관없이 하게 되는 것입니다.

수용성-표현성 복합 언어장애를 가진 경우에는 블록 맞추기나 퍼즐 놀이를 상당히 잘 하기도 합니다. 그래서 어떤 때는 발달이 정상인 것 같고, 어떤 때는 자폐스펙트럼 장애인 것 같고, 어떤 때는 지능이 조금 떨어지는 것 같아서 양육자가 큰 혼란에 빠지게 됩니다. 어린이집에서는 아이가 어떤 때는 협조하고 어떤 때는 협조하지 않으므로 양육자에게 발달 진단을 받아보라고 권하기도 곤란하고, 권하지 않기도 곤란한 상황이 됩니다.

수용성-표현성 복합 언어장애의 경우 문법 이해의 어려움을 도와주어야 하므로 문법 이해를 돕는 언어치료를 하기도 하고 인지프로그램을 통해서 언어이해력을 높여주기도 합니다. 언어이해력에 문제가 있는데 말이 늦다는 이유로 말하기를 도와주는 언어치료를 시도하거나 자폐스펙트럼 장애로 오진되어 놀이치료를 하는 경우가 많습니다. 따라서 만 5세 이전에 말이 트이지 않는 경우에는 말하기를 도와주는 언어치료를 시작하기 전에 반드시 아이의 언어이해력 정도를 평가해보아야 합니다.

자폐스펙트럼 장애와 수용성-표현성 복합 언어장애는 문법 이해에 어려움을 느낀다는 점은 같습니다. 하지만 자폐스펙트럼 장애의 경우에는 선천적으로 친밀감이 떨어지므로 언어이해력을 높여주는 프로그램에 협조하기가 매우 어렵습니다. 반면에 수용성-표현성 복합 언어장애는 선천적으로 친밀감에 어려움이 없으므로 언어이해력을 높여주는 프로그램을 수행할 수 있습니다. 말이 트이지 않는 증상만 가지고 말 트임을 도와주는 언어치료를 시도하기 전에 퍼즐 놀이나 블록 놀이의 수준을 알아보는 비언어 인지 수준과 문법이 필요한 문장을 이해하는 언어이해력 수준을 먼저 확인해보아야 합니다.

| 자폐스펙트럼 장애일까, 무뚝뚝한 성격일까? |

양육자는 5세 이전에 말을 못 하는 아이 상태가 자폐스펙트럼 장애인지 타고난 기질적인 특성인지 파악하기 쉽지 않습니다. 자폐스펙트럼 장애로 생각하고 연구소를 찾는 대부분의 경우는 자폐스펙트럼 장애가 아니라 말이 늦게 트이는 무뚝뚝한 기질의 아이였습니다.

무뚝뚝한 기질이란 선천적으로 사람에 대한 관심이 적고 사물에 대한 관심이 많은 경우입니다. 무뚝뚝한 기질인 경우에는 자신의 행동으로 인한 양육자의 반응에 별로 신경을 쓰지 않습니다. 양육자가 자신이 원하는 것을 허용하면 기분 좋게 놀고, 허용하지 않으면 다른 곳으로 가버리거나 원하는 것을 얻기 위해서 떼를 씁니다.

언어이해력이 정상 범위에 속하는 무뚝뚝한 기질을 가진 경우에는 만 5세 이후에 사회화 과정을 통해 억지로라도 인사를 시키면 고개를 숙여 인사하는 척이라도 하고 심부름을 시키면 마지못해 심부름을 합니다.

적절한 훈육을 통해서 천천히 상대방의 입장을 배려할 수 있는 능력이 생겨나기도 합니다. 더불어 살아야 자신에게도 이득이 온다는 사실을 알게 되면서부터는 썩 좋아하지 않는 사람에게 살짝 웃어주기도 하고, 하기 싫어도 싫은 내색을 하지 않을 수 있는 능력이 생기게 됩니다. 성인이 되어서는 회사에서는 인간관계가 좋은데 집에 와서는 말이 없어지고 텔레비전만 보거나 핸드폰만 쳐다보는 것이 무뚝뚝한 기질을 가진 사람의 특성이기도 합니다.

무뚝뚝한 기질의 70퍼센트 정도는 가족력이 원인입니다. 따라서 생후 24~36개월경에 자폐스펙트럼 장애라고 급하게 진단 내리기 전에 혹시 아이의 부모나 조부모님 중에 사회생활을 성공적으로 하고 있지만 말이 별로 없는 무뚝뚝한 기질을 가진 사람이 있는지도 살펴볼 필요가 있습니다.

자폐스펙트럼 장애 진단을 받았는데 놀이치료를 2년 동안 받은 후에 정상 발달 상태가 됐다는 경우가 있습니다. 이는 무뚝뚝한 기질의 아이였는데 자폐스펙트럼 장애로 오진을 한 경우입니다. 자폐스페트럼 장애는 단순히 2년 놀이치료를 한다고 해서 친밀감과 언어이해력이 정상 범위로 향상되지는 않습니다.

| 자폐스펙트럼 장애일까, 애착장애일까? |

사람에 대한 친밀도가 별로 높지 않으면서 쉽게 스트레스를 받고 크게 우는 기질을 가지고 태어나는 아기들이 있습니다. 불안도가 높은 양육자가 오냐오냐 하면서 키우다가 몸과 마음이 피곤해지면 갑자기 화를 내고, 미안한 마음에 다시 오냐오냐 하면서 키우면 아기는 24개월 정도가 되면 자기 마음대로 행동하기도 합니다.

생후 24개월에 말은 한마디도 안 하고 이름을 불러도 돌아보지도 않고 자기 마음대로 행동해서 그 행동을 제지할 때 떼를 심하게 부리면 양육자는 혹시 자폐스펙트럼 장애가 아닐까 하고 의심하게 됩니다.

쉽게 스트레스를 받고 심하게 화를 내는 아기들은 양육자가 일관적이지 못한 양육 태도를 보이는 경우 양육자를 외면하게 됩니다. 이런 아기들은 발달 평가 시 검사자에게 협조하지 않으므로 생후 24개월경에 쉽게 자폐스펙트럼 장애로 오진되기도 합니다. 아기의 까탈스러운 기질(디피컬트 베이비)과 일관적이지 못한 양육 태도에 말이 늦게 트이는 발달 특성이 합쳐지면 쉽게 자폐스펙트럼 장애로 오진되는 것이지요.

말이 트이지 않고 상호작용을 잘 하지 않을 때, 아기의 타고난 기질적 특성과 양육자의 양육 태도에 대해서도 잘 분석해 보아야 합니다. 양육자의 미숙함과 피곤함으로 일관적이지 못한 양육 태도를 보였다면 우선 양육자가 몸도 쉬고 마음도 쉴 수 있는 환경을 만들어야 합니다. 혹시 육아 우울증이 심해졌다면 전문적인 도움을 받는 지혜도 필요합니다.

Q&A

21개월인데 무발화 상태입니다. 빛과 소리에는 예민하지만 호명 반응과 눈 맞춤이 약합니다. 그냥 내달리기만 하거나 아파트 계단 오르내리기를 계속해서 반복합니다. 대학병원 소아청소년과에서 진료를 받았는데 뇌파 검사, 유전자 검사, 청력 검사, 엑스레이 촬영을 권했고 음식 거부 증상이 있어서 복부초음파도 권했습니다. 우리 아이가 자폐스펙트럼 장애일까요?

21개월의 자폐스펙트럼 장애는 아직 의학적인 검사로 진단 내려지지 않습니다. 소아청소년과에서는 의학적인 면에 문제가 없는지를 먼저 살펴보게 되기 때문에 뇌파 검사, 유전자 검사, 청력 검사, 엑스레이, 복부초음파 등의 검사를 할 수도 있습니다.

자폐스펙트럼 장애 진단을 위해서는 아이의 친밀감 정도와 인지발달 수준이 평가되어야 합니다. 시각적인 지능의 수준을 알아보기 위해서 동그라미, 세모, 네모의 퍼즐 놀이도 할 수 있는지 확인해봐야 합니다. 그리고 언어이해력이 어느 정도 수준인지도 평가가 내려져야 합니다.

아이가 어느 정도의 친밀감이 있다면 퍼즐 놀이는 협조할 수 있습니다. 만일 자폐스펙트럼 장애라면 퍼즐 놀이에도 협조하기가 어렵습니다. 기저귀, 맘마, 안 돼, 가자, 앉아, 먹자 등 양육자가 매일 말하는 단어를 말할 때 아이가 반응을 보인다면 일단 자폐스펙트럼 장애를 의심하진 않습니다.

영유아기 발달 진단은 아이가 보이는 인지발달, 운동발달, 행동발달 증상을 복합적으로 판단하여 내려지는 것이므로 의학적 검사에서 모두 정상이 나왔다고 해서 아이의 발달에 문제가 없다고 진단을 내리지는 않습니다. 일반적으로는 인지발달, 운동발달, 행동발달을 평가한 후에 원인이 유전자나 뇌의 해부학적인 문제에 있다고 판단되면 다양한 의학적인 검사를 시도하게 됩니다.

21개월에 말이 트이지 않았고, 빛과 소리에는 예민하고 호명반응과 눈 맞춤이 아예 없지는 않지만 적극적이지는 않다면, 밖에서 양육자를 의식하지 않고 그냥 달려나가고 계단 오르내리기를 계속해서 반복한다면, 자폐스펙트럼 장애이기보다는 인지 수준이 매우 낮은 것일 수도 있습니다. 우선 아이의 인지발달 수준을 평가해보시는 것이 좋겠습니다.

37개월 남자아이인데 어린이집에서 조심스럽게 언어치료를 권합니다. 아이는 엄마, 아빠라는 말만 하고 2음절 이상의 말을 아직까지 하지 못합니다. 편식이 심해서 밖에서는 밥을 잘 안 먹고 낯선 환경을 극도로 두려워하고 음식을 흘리거나 이물질이 묻으면 굉장히 싫어합니다. 혼자서만 놀다 보니 어린이집에서도 교류가 없고 장난감을 나열하며 노는 것을 좋아합니다. 호명반응은 안 되는데 특정 단어를 불러주는 걸 좋아합니다. 말이 느린 것이 자폐스펙트럼 장애와 관련이 있을까요?

말이 느리다고 해서 무조건 자폐스펙트럼 장애를 의심하지는 않습니다. 편식이 심하고 낯선 환경을 극도로 두려워하고 음식을 흘리거나 이물질이 묻으면 굉장히 싫어하는 증상은 질적 운동성이 매우 낮을 때의 증상이기도 합니다. 어린이집에서는 상호작용을 적극적으로 하지 않지만, 집에서 양육자와 의미 있는 상호작용이 가능하고 엄마를 보고 엄마라고 부르고 아빠를 보고 아빠라고 부른다면 자폐스펙트럼 장애를 의심하지 않습니다. 어린이집에서 장난감을 나열하며 노는 것은 심심할 때 대부분의 아이들이 보일 수 있는 행동입니다.

걱정스러운 행동에 대한 정보만 주지 마시고 자폐스펙트럼 장애가 의심되지 않는 긍정적인 행동에 대한 정보도 같이 주셔야 정확한 진단이 가능합니다. 37개월에 '엄마', '아빠'밖에 못한다는 증상만으로 자폐스펙트럼 장애를 의심하지는 않습니다. 우선 37개월의 60~70퍼센트 수준인 24~26개월 수준의 놀이로 일대일 상호작용을 시도해 보세요. 아이가 놀이에 협조한다면 자폐스펙트럼 장애일 가능성은 낮습니다.

자폐스펙트럼 장애를 가진 5세 아이입니다. 감각통합 치료와 언어치료, 놀이치료를 진행하고 있습니다. 무발화 상태였는데 현재 핑퐁 대화까지 할 수 있는 수준이 되었습니다. 그런데 사회성이 여전히 부족해서 친구들과 잘 못 어울리고 저랑 하는 역할놀이도 싫어합니다. 사회성 증진과 또래 관계 개선을 위해 사회성 그룹치료를 하면 좋아질까요?

자폐스펙트럼 장애가 맞다면 다양한 발달 치료를 했어도 만 5세에 핑퐁 대화가 가능하게 되지는 않습니다. 처음의 자폐스펙트럼 장애 진단은 오진이었을 확률이 높습니다.

만 5세라면 유아 지능 검사를 통해서 아이의 인지발달 수준을 정확하게 알아보는 일이 필요합니다. 평균 지능 수준이 정상 범위에 속하는지, 발달 영역별로 어느 것은 아주 잘하고 어느 것은 너무 못하는 등의 편차가 큰지 등의 인지발달 특성에 대한 정보가 있어야 어떤 프로그램으로 도움을 줄지를 알 수 있습니다. 만일 평균 지능 수준이 정상 범위에 속하지 않는다면 아이의 인지발달 수준에 맞는 공부를 시켜주어야 합니다. 또한 각 영역별로 편차가 심하다면 아이의 인지발달 특성에 맞는 공부를 시켜주어야 합니다. 인지발달이 정상 범위에 속하지 못한다면 아이의 인지발달 수준과 같은 아이들 속에서 활동할 수 있게 도와주어야 합니다. 만일 인지발달 수준이 정상 범위에 속한다면 특별한 사회성 증진 프로그램보다는 인지능력을 높여주는 프로그램이 더 효과가 클 수 있습니다.

말 트임을 도와주는 육아법

· 생후 6~14개월 ·

이럴 때는 말하기가 어려워요

1. 코로 숨을 쉬지 못하고 입으로 숨을 쉬는 경우

코로 숨을 쉬지 못하고 입으로 숨을 쉬면, 입으로 숨도 쉬고 말도 해야 하므로 유창하게 말하는 데에 방해가 됩니다. 아기의 코가 막혀서 입으로 숨을 쉬는 것인지 이비인후과 진료를 통해서 알아보시기 바랍니다.

2. 입술 주변의 근육 긴장도가 떨어져서 입이 항상 벌어져있는 경우

입술 주변 근육의 긴장도가 떨어지면 평소에도 침 삼킴이 힘들어서 생후12개월 이후에도 침을 흘리게 됩니다. 어떤 일에 집중할 때는 침 삼키는 동작을 하기 어려우므로 침을 더 많이 흘리게 됩니다. 입 안의 새로운 감촉에 예민해서 색다른 감촉의 음식을 거부하기도 하며 힘을 주어 씹는 음식을 싫어하고 거부하기도 합니다. 스스로 입과 입술을 움직이지 않으므로 입술 주변의 근육이 강화되기가 어렵습니다. 생후 6개월 이후에는 이유식을 숟가락으로 주면서 입술을 다무는 기회를 주어야 합니다. 하지만 입술 주변의 근육은 빠른 시일 내에 강화되는 것이 아니므로 생후 24개월 이후까지도 기다려주어야 합니다. 침을 자주 흘린다면 턱받이를 자주 갈아주시기 바랍니다.

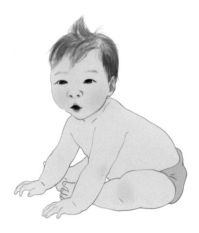

고개가 앞으로 내밀어지고 가슴이 눌리고 등이 구부러지는 상태가 지속되면 호흡이 힘들고 밥을 먹을 때 음식이 부드럽게 넘어가기 어렵습니다. 때로는 밥을 먹을 때 사레가 들려서 기침을 하기도 합니다. 이러한 자세는 호흡이 어려워 피로감이 높아지므로 아기가 쉽게 피로를 느끼고 에너지를 필요로 하는 말하기를 귀찮아하게 될 수 있습니다. 혼자서 가슴을 펴고 앉아 있지 못하는 아기를 오랜 시간 구부정한 자세로 앉혀 놓으면 안 됩니다.

이렇게 도와주세요

---

1. 고개를 일자로 유지하기

고개가 일자가 되도록 목 뒷부분을 잡아줍니다. 입이 벌어지고 고개가 앞으로 나오는 경우, 고개를 일자로 유지해서 기도와 식도를 안정적으로 만들어줘야 합니다.

---

2. 벌어진 입술 올려주기

숟가락으로 이유식을 먹이면서 숟가락을 뺄 때 벌어진 아랫입술 밑에 손가락을 대서 벌어진 입술을 살짝 올려줍니다. 양육자의 손으로 아기의 턱 밑을 받쳐주어 입술이 닫히도록 도와줍니다.

생후 6개월 이후에는 허리를 편 자세로 앉을 수 있게 육아용품을 적절히 활용해야 합니다.

이럴 때는 말하기가 어려워요

1. 설소대가 짧은 경우

설소대는 그림과 같이 혀 밑부분과 입안을 연결하는 띠 모양의 힘살입니다. 설소대가 짧으면 발음에 문제가 생긴다고 해서 한때 아기들의 설소대 수술이 유행한 적도 있습니다. 설소대가 짧으면 수유도 어렵고 발음이 정확하지 않을 수 있습니다. 입천장에 혀가 붙었다 떨어지는 몇몇 발음을 하기가 어렵지만 시간이 지나면서 혀의 움직임이 능숙해지면 점차 정확한 발음이 가능해집니다. 성장하면서 자신의 타고난 설소대 길이에 맞춰 정확한 발음을 할 수 있도록 섬세한 혀의 움직임을 찾아가기 때문입니다. 따라서 발음이 정확하지 않다고 해서 설소대 수술을 해서는 안 됩니다. 혀가 입술 밖으로 나올 정도로 크거나 수유가 어려울 정도로 설소대가 짧은 경우에만 설소대 수술을 고려해야 합니다.

자기 나이의 80퍼센트 미만의 인지발달을 보이는 경우, 운동발달에도 지연을 보이게 됩니다. 언어이해력의 지연으로 상대방의 말을 이해하기도 힘들고 자신이 해야 하는 말에 맞는 어휘를 찾거나 문장을 구성하는 일도 힘들어지므로 말로 자기 의견과 마음을 표현하는 일이 매우 어렵습니다. 말하기에 어려움이 있을 때 혹시 언어이해력을 포함한 인지발달 지연이 함께 있는지를 먼저 살펴보아야 합니다. 단순히 입술 주변의 운동 조정능력에만 지연이 있는지 인지발달에도 지연이 있는지를 확인해야 합니다.

이렇게 도와주세요

1. 벌어진 입술 올려주기

입이 벌어지고 고개가 앞으로 나오는 경우에 고개를 일자로 유지해서 기도와 식도를 안정적으로 만들어줘야 합니다. (앞에서 설명한 방법으로 도와주세요)

2. "예쁜 입" 하면서 입을 스스로 닫도록 도와줍니다

3. 크게 숨을 쉴 수 있게 도와줍니다

입술을 모아서 숨을 불어넣는 놀이는 호흡을 크게 할 수 있도록 도와줍니다. 물방울 불기, 색종이 날리기, 촛불 불기 등의 놀이를 해보세요.

4. 입을 크게 벌리도록 도와줍니다

'아에이오우' 놀이나 크게 하품하기, 엄마보다 입을 더 크게 벌리기, 큰 소리로 노래 부르기 등의 놀이를 통해 입술 주변에 힘을 주어 근육에도 힘이 들어갈 수 있게 합니다.

• 생후 24~35개월 •

이 시기에는 아이가 몇 마디 말은 하지만 발음이 어눌할 수도 있습니다. 따라서 혀의 움직임을 도와주는 놀이에 집중하는 것이 좋습니다.

이렇게 도와주세요

1. 혀의 움직임을 도와줍니다

입술 위아래 양옆에 아이가 좋아하는 초콜릿을 묻혀놓고 혀를 움직여서 빨아 먹게 합니다. 양육자도 똑같이 초콜릿을 묻혀서 시범을 보여주면 더욱 좋습니다.

2. 혀끝으로 핥기

큰 숟가락에 아이가 좋아하는 초콜릿을 묻혀서 혀를 내밀어 핥아먹게 해주세요. 또, 요거트를 컵에 넣어 마신 후 컵 안에 남아 있는 요거트를 혀를 움직여서 핥아먹게 하세요.

3. 다양한 얼굴 표정 짓기

입 안에 공기를 머금거나 입술을 움직여서 입 주변 근육의 긴장도를 높여줍니다.

4. 입 다물고 미소 짓기 · · · · · · · · · · · 5. 입 다물고 보조개 만들기

· · · · · · 6. 호르륵 입술로 빨아들이기 · · · · · · 7. 푸푸푸푸 입술로 투레질하기

• 생후 36~60개월 •

말을 하긴 하는데 자신의 생각과 느낌에 맞는 어휘를 찾기 힘들 때, 호흡이 가빠지고 긴장하게 되어 말을 더듬거나 아예 말을 하지 않게 될 수 있습니다. 호흡을 조절하고 침 삼킴을 조절하면서 긴 문장으로 말을 하려면 바른 자세와 스트레칭으로 폐를 확장시킬 수 있게 도와주는 것이 좋습니다. 정확하게 발음하는 연습을 위해 천천히 다양한 발음을 따라 해보는 놀이를 해도 좋습니다. 목소리 톤과 억양의 차이로 감정을 표현하는 놀이도 해보세요.

이렇게 도와주세요

1. 온몸의 긴장 풀기

엎드리거나 누워서 팔다리를 쭉 펴면서 온몸을 스트레칭해 줍니다.

2. 고개가 일자가 되고 가슴이 펴지며 근육을 이완하는 자세

의자에 반듯이 앉아 팔다리를 들거나 내리는 등의 일상적인 스트레칭 운동을 하는 가족 체조 시간 만들기, 손으로 벽 기어가기, 목과 머리와 어깨로 벽 밀기, 지시대로 목 움직이기 등 다양한 자세를 시도해 보세요.

3. 정확하게 발음하도록 도와줍니다

말 따라 하기 놀이를 통해 양육자가 하는 말을 정확하게 말하도록 도와줍니다. "따라 말해봐"라는 명령으로 따라 하게 하지 말고 자연스럽게 말할 수 있는 놀이로 시도해야 합니다. 아이가 말 따라 하기를 거부하면 양육자는 놀이를 중단해야 합니다. 정확하게 발음할 자신이 없기 때문에 따라 하지 않는 것이므로 억지로 말 따라 하기를 시키는 경우에 정서적으로 위축될 수 있습니다.

하나둘 하나둘 차렷! 차렷! 영차 영차!	빵빵 빵빵 따르릉 따르릉 냠냠 냠냠!

4. 감정을 나타내는 표현을 통해서 목소리의 높이와 크기를 조절할 수 있게 도와줍니다

기쁜 목소리로 말해볼까? 너무 좋아요 하하
슬픈 목소리로 말해볼까? 너무 슬퍼요 잉잉
화가 난 목소리로 말해볼까? 화가 났어요!

FAQ

언어치료, 언제 어떻게 해야 할까요?

24개월이 됐는데도 발음이 정확하지 않고 말이 안 늘어요. 또래 친구들은 문장으로도 얘기하는데 우리 아이만 너무 늦는 거 아닌가 싶어 걱정이 됩니다. 언어치료는 빨리 할수록 좋다던데, 언어치료를 받아야 할까요?

큰 근육 운동발달에 지연이 없고 아이의 언어이해력이 자기 나이의 80퍼센트 정도 된다면 정상 범위에 해당합니다. 생후 24개월에 언어이해력이 정상 범위에 속하는데 단지 발음이 부정확하다는 이유로 언어치료를 하지는 않습니다.

24개월에는 말을 하는 것보다 말을 이해하는 게 더 중요합니다. 말이 트이게 도와주는 언어치료는 입 주변의 운동 조정능력이 준비된 후에 시작해야 합니다. 입 주변의 운동 조정능력이 준비되지 않은 상태에서 언어치료를 하는 경우 2~3년이 지나면 말이 트이기도 합니다. 하지만 이것은 언어치료로 인해 말이 트였다기보다는 2~3년 동안 입 주변의 운동 조정능력이 자연적으로 좋아져서 말이 트였다고 봐야 합니다. 아직 준비가 되지 않았다면 언어치료를 시작하기 전에 아이의 언어이해력 수준을 먼저 확인하세요. 만일 언어이해력이 자기 나이의 60퍼센트 수준에 미치지 못한다면 언어치료가 아니라 언어이해력을 높이기 위한 학습이 필요합니다.

생후 24개월에 집에서 받는 말 자극이 부족하다고 생각되면 눈, 코, 입을 알고 있는지, 엄마 눈과 아빠 눈의 차이를 인지하는지 확인해 보세요. 만약 모른다면 집에서 작은 물건들의 이름과 신체 부위의 이름을 자주 알려주는 게 효과적인 언어자극이 될 수 있습니다.

◐ 35개월 된 아이입니다. 언어치료를 일주일에 한 번 받고 있는데 선생님이 주 2회를 권하시네요. 2회로 늘리면 더 좋을까요?

언어치료사 선생님에게 왜 2회로 늘리는 것을 권하는지, 어떤 목적의 언어치료인지, 언어이해력이 아이 나이의 몇 퍼센트에 해당되는지 물어보시기 바랍니다. 언어치료사 선생님의 설명이 납득이 간다면 주 2회로 진행하시면 됩니다. 능력 있는 언어치료사라면 비전문가인 어머니도 이해할 수 있게 왜 언어치료를 주 2회로 늘려야 하는지 설명해 줄 것입니다. 언어치료사 선생님의 말을 이해하지 못했다면 거듭 이유를 물어봐서 이해하셔야 합니다. 언어치료의 경우 의료행위가 아니어서 건강보험에서 비용이 보전되지 못하므로 부모님의 부담이 작지 않을 것입니다. 혹시 집에서 부모가 도와줄 수 있는 작업들이 있는지도 물어보시기를 바랍니다.

◐ 33개월 아이가 다른 사람의 말은 알아듣는데, 아이가 말을 하면 무슨 말을 하는지 모르겠습니다. 전정기능이 예민해서 난간을 잡아야 계단을 오르내리고 평형대 걷기나 점프가 되지 않아요. 제가 많이 못 놀아줘서 그런 것 같아요. 유치원 특수반을 보내야 할까요, 집에서 데리고 있으면서 치료해야 할까요?

부모님이 집에서 못 놀아줬다고 말이 늦게 트이는 경우는 없습니다. 말 트임은 구강과 입술 주변의 타고난 운동 조정능력의 문제입니다. 난간을 잡고 계단을 오르고 평형대 걷기나 점프가 안 된다면 선천적으로 운동기능이 많이 떨어지는 경우입니다. 이런 경우 입 주변의 운동 조정능력도 같이 떨어지곤 합니다.
아이의 언어이해력을 점검해 보세요. 언어이해력이 26개월 수준이라면 일반 어린이집이나 일반 유치원에 보내시고, 입 주변의 운동기능을 향상시킬 수 있는 언어치료사 선생님의 도움을 받아보시길 바랍니다. 33개월에 점프가 가능하지 않다면 대학병원 재활의학과의 소아재활 전문의의 진료를 받은 뒤 감각운동통합평가도 받아보시고 재활의학과 소속의 언어치료를 받으시는 게 좋습니다.

말을 할 수 있게 도와주는 언어치료사(언어재활사)의 도움이 필요한 경우

1. 심한 운동장애를 갖고 있는 경우

   숨을 쉬면서 말을 하고 동시에 침을 삼키는 등 여러 운동 조정능력을 향상시키는 언어치료가 필요합니다. 심한 운동장애를 가진 아기들의 경우 혀 움직임, 입술 움직임 등을 도와줘야 하므로 생후 24개월 이전에 언어치료가 시작되기도 합니다.

2. 48개월 이후에 언어이해력이 정상 범위에 있지만 말이 트이지 않는 경우

   언어이해력이 정상인데 한마디도 못한다 해도 많은 경우에 만 5세까지 언어치료를 하지 않고 기다릴 수 있습니다. 입 주변의 운동 조정능력만 떨어지는 것이므로 자연 성숙에 의해 말이 트이기를 기다리는 것이지요. 정확하게 발음하고 싶어하는 기질을 가진 아이들은 자기 입에서 나오는 발음이 정확하다고 확인될 때까지 절대 입을 열지 않기 때문에 유능한 언어치료사가 아닌 경우에는 언어치료가 도움이 되지 않는 경우가 있습니다. 이런 아이들은 어느 날 갑자기 문장으로 말을 하기 시작해서 주변을 깜짝 놀라게 하기도 합니다. 언어이해력이 정상 범위에 속한다면 만 4세까지는 말이 트이지 않아서 답답해도 좀 기다려볼 수 있습니다.

3. 선천적으로 언어이해력에 어려움을 보이는 경우

   보통은 생후 24개월부터 문법을 이해하게 됩니다. 그런데 문법이 이해가 안 돼서 말이 트이지 않는 경우가 있습니다. 이런 경우에는 말 트임을 위한 언어치료가 필요한 것이 아니라 문법을 이해시키기 위한 프로그램이 필요합니다.

   언어치료를 받으실 때는, 문법의 이해를 돕는 언어치료인지 말을 하게 하기 위한 언어치료인지 확인해야 합니다. 언어이해력이 좋아지지 않으면 말이 트여도 동문서답을 하게 됩니다. 만 5세 이전의 언어 평가에서 가장 중요한 것은 언어이해력입니다. 문법을 이해하기 어려운 경우에는 생후 24개월경부터 문법 이해를 위한 언어치료나 일대일 인지학습이 필요합니다.

말하기와 사회성 발달은 같이 갈까요?

○ 만 5세 아이입니다. 말이 서투르고 단어로만 이야기해서 어린이집이나 유치원에서 친구들과 어울리지 못할까 봐 걱정입니다. 친구에게 먼저 다가가지도 않고 성격도 내성적이고 소심해서 놀이터에서 친구들 주위만 서성이는데 교우 관계를 잘 맺을 수 있을까요? 또 단체생활에 잘 적응할 수 있을까요?

이 시기 아이들의 의사소통은 70퍼센트 이상이 말이 아닌 얼굴 표정이나 손짓, 눈빛으로 이루어집니다. 따라서 말이 트이지 않아도 또래 집단 적응에 큰 어려움을 겪지는 않습니다. 만약 말이 트이지 않으면서 언어이해력 수준이 자기 나이의 80퍼센트가 되지 못한다면, 말 트임의 문제가 아니라 언어이해력의 문제입니다. 단어로만 말해도 선생님과 친구들이 대부분 이해하기 때문에 의사소통 자체에 문제가 생기진 않습니다. 말이 트이지 않았고 내성적이고 소심해서 친구들 주위만 서성거려도 친구들의 활동과 대인관계를 지켜보면서 많은 학습이 가능합니다. 친구들과 적극적으로 활동하지 않아도 친구들 주변을 서성거린다면 만 5세의 정상 범위 사회성으로 볼 수 있습니다. 유치원생활 중이나 학교생활 중에 한 명의 마음 맞는 짝꿍만 만나면 행운입니다. 말 트임과 성격에 어려움이 있는 친구이므로 13세까지도 시간을 두고 지켜볼 수 있습니다. 단, 언어이해력은 꼭 확인해보셔야 합니다.

○ 만 5세 남아인데 사회성이 너무 부족합니다. 어릴 때 또래보다 발달이 느려서 17개월에 걸었고 24개월이 되어서야 엄마, 아빠, 맘마 등의 단어를 말했습니다. 아기 때부터 겁이 많고 낯가림도 심해서 항상 저와 함께 있길 원했고 6세가 되어서야 놀이학교에 다녔습니다. 친구들과 놀기를 두려워하고 자기중심적인데 불안도가 높은 것 같아서 걱정입니다.

17개월에 걸었다면 운동발달이 상당히 느린 경우에 해당합니다. 운동발달이 느리기 때문에 몸의 움직임이 과격한 친구들을 무서워했을 겁니다. 운동능력이 필요한 놀이를 또래 아이들과 함께 하기가 어려웠을 거예요.

이렇게 질적 운동성이 떨어지는 경우에는 언어이해력도 늦는 경우가 많습니다. 아이의 언어이해력이 자기 나이의 몇 퍼센트 수준인지 확인하시고, 80퍼센트 수준이 되지 못한다면 또래 집단에서 운동 활동이나 학습 활동에 어려움을 겪을 수 있으므로 통합어린이집으로 옮겨주어야 합니다. 언어이해력이 80퍼센트 수준이 안되는 경우에는 선생님의 말을 이해해야 하는 학습 활동에 적응하기가 어렵습니다. 언어이해력과 질적 운동성이 같이 떨어지는 경우에는 아이가 심리적으로 위축될 수 있습니다. 친구들이 너무 높은 수준의 놀이를 한다고 생각되면 아이는 불안도가 높아지게 되고 또래 집단 적응이 어려워집니다. 또래 친구들이 있지만 아이가 집단에서 이탈할 때 도와줄 수 있는 통합어린이집도 고려해보시기 바랍니다.

저희 아이는 상황에 맞게 말하고 말귀도 잘 알아듣습니다. 친구들과 잘 놀지만 말수가 적은 편이고 먼저 묻지 않으면 말을 잘 하지 않습니다. 성격이 소심하고 불안이 많아서 말하기를 두려워하는 것처럼 보여요. 발음은 정확한 편인데 단어부터 조사까지 문장을 완벽하게 말하려고 해요. 지금은 괜찮지만 학교에 가면 친구를 못 사귈까봐 걱정이 됩니다. 어떻게 하면 사회성을 키워줄 수 있을까요?

정확하게 발음하려고 하고 먼저 말을 꺼내지 않는다는 건 사람에 대한 친밀도가 높지 않다는 의미일 수 있습니다. 표정과 행동을 보고 상대방의 심리를 파악하는 게 어려운 아이들은 사람에게 먼저 다가가는 일이 어려울 수 있습니다. 가정에서 친인척을 자주 만나 노는 시간을 만들어주세요. 나를 보살펴줄 수 있는 가족과 같은 사람들과 주기적으로 만나서 노는 경험을 통해 다른 사람의 심리를 이해하고 마음을 여는 상호작용 방법을 익힐 수 있습니다.

부모님도 사람들과 만나서 시간을 보내는 일이 익숙하지 않은 편인지 살펴보세요. 아이의 친밀감은 가족력의 영향을 받는 경우가 많습니다. 선천적으로 친밀감이 높지 않다면, 성장하면서 사람들과 접하는 경험을 많이 해야 친밀감이 향상됩니다. 요즘은 핵가족 시대이니 취미생활이나 종교활동 등을 통해서라도 주기적으로 만나 교류할 수 있는 기회를 만들어보세요.

만 5세 이전의 사회성에 대하여

만 5세 이전에 말수가 적고 사회성이 부족한 경우, 가장 먼저 확인해 볼 것은 아이의 언어이해력 수준입니다. 사람에 대한 관심이 많다면 말이 좀 늦게 트여도 또래 집단에서 놀이 활동을 하는 데에 큰 어려움은 없습니다. 또래 활동에서 어려움을 겪는다면 대부분 언어이해력이 지연된 경우가 많습니다.

만약 언어이해력에 지연이 없는데 말수가 적고 사회성이 떨어진다면 선천적으로 친밀감이 떨어지기 때문일 수 있습니다. 자폐스펙트럼 장애 수준은 아니지만 사람의 표정과 행동을 보고 이해하는 힘이 떨어지면 또래 집단에서 경계하는 태도를 보일 수 있습니다. 이런 경우 친밀감을 높일 수 있도록 같은 사람을 주기적으로 만나는 시간을 만들어주시면 도움이 됩니다. 언어이해력이 정상 범위에 속한다면 커가면서 사람들과 잘 지내는 것이 본인에게 이득이 된다는 것을 깨닫게 되면서 스스로 노력하는 사회화 과정이 자연스럽게 이루어질 것입니다.

큰 근육 운동발달이 늦으면 언어도 늦을까요?

조산아로 태어난 23개월 아기인데 큰 근육 운동발달이 느립니다. 18개월에 걷기 시작했고 물리치료를 1년간 받았어요. 아직 뛰기와 점프, 블록 쌓기, 행동모방 등이 잘되지 않습니다. 말도 아직 트이지 않았는데 큰 근육 운동발달이 언어발달에 영향을 미치는 걸까요? 두 발 뛰기 이후에 언어가 늘었다는 얘기도 있던데 검사라도 받아야 할까요?

말이 트이지 않는 것은 큰 근육 운동발달이 느려서라기보다는 숨을 쉬고, 침을 삼키고, 혀를 움직이고, 입술을 움직이는 여러 기능이 잘 조정되지 않아서 그렇습니다. 큰 근육 운동발달이 된다고 말이 트이는 것은 아닙니다. 큰 근육 운동발달이 잘 되었는데 입 주변의 운동 조정능력이 떨어지는 아기들도 있습니다.

시간이 지나면서 큰 근육 운동발달과 함께 입 주변의 운동 조정능력도 좋아지고 그러면서 말이 트이게 됩니다. 운동능력이 성숙되면 자연스럽게 두 발 뛰기가 되듯이, 말도 시간이 지나면 트이게 됩니다. 조산아로 태어나 18개월에 걸었다면 말은 늦게 트일 가능성이 매우 큽니다. 따라서 최소 48개월까지 기다려주시고 아기의 언어이해력이 자기 나이의 80퍼센트 수준이 되는지 확인해 보시기 바랍니다.

⬤ 51개월 된 남아입니다. 언어치료와 감각통합치료를 받고 있는데 큰 근육 운동 발달이 너무 느립니다. 언어치료 선생님도 근육 문제가 크다고 하는데 아이는 운동을 하자고 하면 싫다고 하고 놀이터에 가는 것도 싫어합니다. 언어가 느리고 큰 근육 운동발달이 느린 아이에게는 어떤 운동이 좋을까요?

큰 근육을 움직여준다고 해서 말이 트이지는 않습니다. 운동치료나 감각통합치료를 한다고 말이 트이는 것도 아닙니다. 말이 트이는 데 도움이 되겠거니 하면서 억지로 놀이터에서 기구를 태우거나 킥보드를 타자고 하지 마세요. 하체의 근력과 균형 감각이 떨어지므로 세상 전체가 무서워지게 됩니다. 아이와의 애착 관계도 나빠질 수 있습니다.

말 트임에 연연하지 마시고 아이의 언어이해력 수준을 확인한 뒤 수준에 맞는 학습의 기회를 주세요. 51개월이라면 매일 언어이해력을 향상시키는 공부가 필요합니다. 큰 근육 운동발달이 너무 느리다면 소아재활의학과를 방문하셔서 운동발달 평가와 인지발달 평가를 받아보시기 바랍니다. 단순히 큰 근육 운동발달만 느린 것인지, 인지능력도 같이 떨어지는 것인지 정확하게 평가해야 합니다.

인지능력이 정상 범위에 속한다면 하체 근력 강화에 집중하시고 큰 근육 운동발달과 인지능력이 둘 다 떨어진다면 아이의 인지발달 수준에 맞는 학습의 기회를 주어야 합니다. 큰 근육 운동발달과 인지발달이 모두 지연된다면 통합어린이집의 활동이 도움이 될 수 있습니다. 인지발달에 대한 정확한 평가를 받아보세요.

언어와 큰 근육 운동발달의 상관관계

흔히 말이 트이지 않는 원인을 큰 근육 운동발달에서 찾으려고 하는 경향이 있습니다. 그래서 감각통합치료를 권하는 경우도 있습니다. 그러나 말이 트이지 않는 것은 입 주변의 운동 조정능력이 떨어지기 때문입니다. 이것은 입 주변의 작은 근육 조절이 어려운 것이므로 큰 근육 운동발달 지연과 관계가 없습니다.

다만 큰 근육 운동발달이 느린 아이들은 입 주변의 작은 근육 조정능력도 함께 지연되는 경우가 많습니다. 큰 근육 운동발달이 좋아지면서 자연스럽게 입 주변의 작은 근육 조정능력도 좋아지기 때문에 마치 큰 근육 운동발달이 좋아져서 말이 트인 것으로 오해할 수 있습니다.

큰 근육 운동발달과 입 주변의 운동 조정능력이 아주 심하게 지연되는 운동장애(소아뇌성마비 등)의 경우에는 적극적으로 개입하는 언어치료를 합니다. 하지만 심한 운동장애가 아닌 경우 대부분 만 5세쯤 되면 자연적인 성숙에 의해 운동 조정능력이 정상적으로 발달하므로 입 주변의 운동 조정능력을 향상시키기 위해 적극적으로 개입하지 않아도 됩니다.

언어발달은 유전일까요?

저는 행동은 빠르고 적극적인데 말수가 적은 엄마입니다. 회사에서도 꼭 필요한 말만 하는 편이고 말을 조금이라도 많이 하게 된 날은 심한 피로감을 느낍니다. 아이를 키울 때는 말을 많이 하고 연기도 하라는데 저는 성격상 너무 힘들었어요. 제가 그래서인지 아이도 친구들과 만나면 먼저 말하는 법이 없고 필요한 말만 합니다. 이런 경우 선택적 함묵이라고도 한다는데 저와의 상호작용이 부족해서 이렇게 된 게 아닌지 너무 미안한 마음이 듭니다. 지금이라도 치료를 받아야 할까요?

엄마가 말수는 적지만 눈치가 빠르고 상황에 적절하게 대처해 문제를 해결하는 능력이 높다면 정상적인 인지발달을 한 것입니다. 그러니 아이가 엄마를 닮아 평소 말수는 적어도 나중에 성인이 돼서 직장에서 일을 할 때는 아무 문제가 없을 것입니다.

아이가 엄마를 닮았다고 미안해하실 필요는 없습니다. 오히려 '나중에 커서 나처럼 직장에서 일을 잘하겠구나'라고 생각하시면 됩니다.

양육자가 말을 많이 하지 않아도 어린이집이나 유치원에서 필요한 만큼의 언어자극을 받게 됩니다. 아이와 적극적인 상호작용을 하고 싶다면 아이가 글을 읽을 수 있는 나이가 되면 편지를 써보세요. 말을 많이 하는 편은 아니지만 글로 생각과 마음을 표현하는 일은 어렵지 않을 것입니다.

평소에 일을 하면서 컴퓨터에 '아이에게 쓰는 편지'라는 칸을 만들어놓고 시간이 있을 때마다 편지를 써서 모아놓으세요. 아이가 사춘기가 되었을 때 그동안 모아둔 편지를 모아 책으로 엮어 선물하는 것도 좋습니다. '말로 하는 말'뿐만 아니라 글이나 그림, 좋아하는 음악 등 다양한 방법으로 아이에게 엄마의 마음을 전달하시면 됩니다.

언어능력도 유전인가 싶어서 걱정이 됩니다. 남편의 형제들이 지금은 사회생활도 잘하고 머리도 좋은 편이지만 어릴 때 모두 말이 느렸다고 합니다. 저도 내성적이고 말이 별로 없는 편이에요. 그래서 아이랑 놀아주는 게 너무 힘들어요. 저 때문에 아이의 언어능력도 떨어지는 것 같습니다. 엄마 자격이 없는 것 같아서 죄책감이 들고 이런 부모의 성향이 유전될까 봐 너무 걱정됩니다.

말 트임은 가족력의 영향이 크기 때문에 남편 가족 쪽이 모두 말이 늦었다면 아이도 그럴 가능성이 있습니다. 하지만 가족력이든 유전이든 말이 늦게 트이는 것은 어린이집 활동에 영향을 미치지 않으니 걱정하지 않으셔도 됩니다. 양육자가 조금 답답할 뿐이지요.

말수가 적은 엄마가 아이와 단순한 말을 반복해서 나눈다는 것은 엄청난 에너지가 소모되는 일입니다. 그러니 아이와 놀아주는 게 힘들다면 어린이집을 꼭 보내셔야 합니다. 주변에 말이 많은 지인이나 친척이 있다면 함께 시간을 보내는 것도 좋습니다.

본인이 말이 없고 연기력도 없다면 주말마다 재래시장 같은 다양한 말들이 오가는 곳에 데려가서 "조심해", "인사하자", "저기서 음료수를 파네" 같은 일상에 필요한 말만이라도 해주세요. 말이란 결국 소통을 위한 것이므로 시장이나 놀이터 같은 환경에서 소통의 모습들을 보여주는 것이 좋습니다.

만 5세가 넘어가는 아이들은 또래 친구들 사이에서 말하는 법을 배우게 됩니다. 죄책감을 가지며 힘들게 말놀이를 하려고 하지 마시고 놀이 환경이 다양하고 소통이 풍부한 공간에 데려가서 경험하게 해주세요. 남편 형제들이 말이 느렸지만 머리가 좋아서 성인이 되어 사회생활을 잘하고 있다는 사실을 꼭 기억하세요. 아이도 머리가 좋고 사회생활을 잘할 가능성이 높습니다.

유전자는 인간이 선택할 수 없습니다

뇌 발달과 유전에 대한 연구결과가 나온 1970년대 이전에는 아이들의 발달이 환경에 의해 결정된다고 믿었습니다. 심리학이나 교육학적인 관점으로 쓰인 육아서에서는 언어발달의 특성을 100퍼센트 환경에서 찾기도 했습니다.

그러나 뇌 발달과 유전 요인에 대한 다양한 연구들이 진행되면서 아이들은 선천적으로 발달 특성을 갖고 태어난다는 것이 밝혀졌습니다. 이렇게 타고난 발달 특성은 엄마와 아빠 쪽 가족이 보이는 특성과 일치하는 경우가 전체의 70퍼센트 정도 된다고 보고 있습니다. 따라서 언어발달의 특성도 가족력이 원인인 경우가 많습니다.

하지만 아이가 가족의 영향으로 말이 늦게 트이고 언어이해력이 떨어진다고 해서 부모가 죄책감을 느낄 필요는 없습니다. 엄마 배 속에서 아이에게 어떤 유전자가 작용될지를 부모가 결정할 수는 없기 때문입니다. 아이가 어떤 특성을 어떤 부모에게 물려받는지는 인간이 결정할 수 있는 일이 아닙니다.

언어이해력이 늦되거나 말수가 적은 특성을 가진 아이라도 평균 지능이 정상 범위에 속한다면 직장생활이 가능하고 사회적 인사치레 몇 마디도 할 줄 아는 사람으로 성장하게 됩니다. 부모들이 그렇게 자랐던 것처럼 말입니다.

미디어 노출은 도움이 될까요, 해가 될까요?

32개월 아이입니다. 조부모님이 아이를 맡아주시는데 어린이집 가기 전후로 텔레비전을 많이 보는 편입니다. 혼자서 말을 많이 하지만 무슨 말을 하는지 알 수가 없어요. 텔레비전을 안 보면 산만하고 가만히 있지를 않습니다. 조부 모님도 너무 힘들어서 계속 틀어주는 것 같은데 제가 나서서라도 미디어를 차단시켜야 할까요?

스마트폰의 영상이나 텔레비전에서 받을 수 있는 자극은 시각적인 인지 자극입니다. 시각적 인지 수준이 언어이해력보다 높으면 말을 잘 듣지 않고 시각적인 자극만 추구하려는 성향을 보이게 됩니다. 자폐스펙트럼 장애가 아니라면 어린이집 적응에는 어려움이 없을 것입니다. 어린이집 적응에 어려움이 없다면 집에서 급한 경우에 텔레비전을 보는 것은 괜찮습니다.

하지만 어린이집에서 적응이 잘 안된다면 아이의 언어이해력 수준을 확인해 보세요. 26개월 정도의 언어이해력은 보여야 합니다. 어린이집에 적응이 안 되고 언어이해력도 자기 나이의 80퍼센트가 안 된다면 전문적인 발달 평가가 필요합니다.

우선은 어린이집에서 돌아온 후에 텔레비전 전원을 끄고 아이에게 언어이해력을 높일 수 있는 공부의 기회를 주시기를 바랍니다. 아이 나이의 70퍼센트 수준인 22개월 수준의 일대일 방문학습지 프로그램을 시작해 보세요. 조부모님이 집에 방문한 학습교사가 아이와 일대일로 학습하는 모습을 보면서 아이를 대하는 태도를 수정해 가실 수 있었으면 좋겠습니다.

40개월 남자아이입니다. 발화는 늦었지만 지금은 못 하는 말은 없고 주위에 서는 오히려 말이 빠른 아이라고 합니다. 새로운 어휘를 적절하게 쓰는데 애니메이션에 나왔던 어휘더라고요. 텔레비전을 오래 보는 게 언어자극이 되는 것 같아서 보게 두었는데, 오히려 미디어가 언어발달에 안 좋은 영향을 미치는 건 아닐까 싶어 지금이라도 차단을 해야 하나 고민이 됩니다.

아이의 발달 수준에 맞는 미디어 노출은 언어이해력을 향상시키는 데 도움이 되기도 합니다. 말 자극에 예민하지 못한 아이들의 경우 그림책이나 동화책보다도 어휘력 향상에는 더 도움이 될 수도 있어요. 교육적인 목적을 가지고 만들어진 미디어를 선택해서 보여주시면 됩니다. 다만 스마트 폰이나 텔레비전의 영상 미디어만 오래 보면 사람과 일대일 상호작용하는 기회를 갖지 못하는 것이 문제입니다.

따라서 5세 이전에는 꼭 어린이집에서 또래 친구들과 상호작용할 수 있는 기회를 주시고 집에서는 양육자가 식사 준비를 할 때 한두 시간 정도만 보여주는 게 좋습니다.

미디어는 어떻게 활용하는지가 중요합니다

한동안 아이들이 미디어에 많이 노출되면 사회성도 떨어지고 언어발달도 지연된다는 이야기가 많았습니다. 심지어 자폐스펙트럼 장애가 생긴다는 말도 돌았습니다. 실제로 경제적, 사회적으로 열악한 환경의 가정에서 하루 종일 텔레비전만 보여주고 사람 간의 상호작용을 하지 않는 경우에 발달 지연을 보였다는 연구결과가 있긴 했습니다. 이는 아주 극단적인 케이스입니다.

아이의 언어이해력 수준에 맞는 적절한 미디어 노출은 오히려 아이의 인지발달 수준을 높이는 데 도움이 될 수 있습니다. 다음의 세 가지 원칙을 준수한다면 말입니다.

1. 미디어가 아이의 언어이해력 수준에 맞는지, 그보다 더 높은 수준인지 파악해야 합니다. 아이의 언어이해력 수준보다 더 높은 수준의 미디어는 아이에게 감각적인 자극을 주는 역할밖에 하지 못하기 때문입니다.

2. 적어도 하루의 반나절은 미디어 없이 사람과 상호작용할 수 있는 기회를 줘야 합니다. 어린이집을 오후 3시까지 보낸다면 가정에서 미디어를 한두 시간 접한다고 해서 발달 지연과 사회성 지연을 가져오지는 않습니다.

3. 미디어를 끊었더니 말도 많이 하고 상호작용도 좋아졌다면 미디어를 보여줬던 시간에 사람과의 충분한 상호작용 기회가 없었다는 뜻입니다. 일대일 상호작용을 충분히 해주면서 아이의 언어이해력에 맞는 미디어를 접하게 해줘야 아이의 인지발달과 어휘력 증가에 도움이 됩니다.

어느 기관에 보내야 언어발달에 도움이 될까요?

⬤ 5세 아이인데 자기 위주의 대화가 많고 친구들과 말을 잘 하지 않습니다. 발화는 빨랐지만 말이 좀 더딘 편이에요. 한글은 뗐지만 아직 문장으로 말하는 건 어려워서 언어치료를 받고 있습니다. 언어치료센터에서는 내년까지는 치료를 받아야 할 것 같다고 하는데, 언어치료를 하면서 영어유치원에 보내도 괜찮을까요? 아니면 언어치료가 끝나고 보내야 할까요?

한글 읽기가 되는데 문장으로 말을 만들어서 말하기가 어렵다면 영어유치원을 보내도 문법 이해가 어려울 가능성이 큽니다. 저는 개인적으로 영어유치원(영어학원)을 권하지 않습니다.
문법 이해가 어렵고 친구들과의 친밀감이 높지 않다면 아이의 비언어 지능 수준과 언어이해력의 수준 차이가 많이 나는지를 알아볼 필요가 있습니다. 한글을 읽는다는 것은 비언어 인지발달 수준은 늦지 않다는 의미일 수 있습니다. 하지만 문법이 들어가는 언어이해력의 수준이 좀 떨어질 수도 있으므로 지능 특성을 알아보기 위한 검사를 권합니다.

⬤ 놀이치료나 감각통합치료는 잘 받고 있는데 유독 언어치료를 힘들어합니다. 언어치료를 시작하고 가끔 들어가기 싫다고 드러눕고 그래서 다른 선생님에게 수업을 듣고 있습니다. 이전 선생님이 조금 강압적이고 단호한 스타일이라 그런가 싶기도 한데, 바뀐 선생님도 처음엔 좋아하다가 얼마 전부터 또 거부하기 시작했습니다. 이렇게 언어치료 선생님이 바뀌어도 괜찮을지 걱정도 됩니다. 언어발달이 1년 정도 지연이라고 해서 치료는 계속 해야 할 것 같은데, 다른 곳을 보내야 할지 어떻게 하면 좋을지 모르겠습니다.

만 5세 이전의 발달프로그램의 경우 아이가 거부하면 하지 말아야 합니다. 우선 아이의 언어이해력이 자기 나이의 몇 퍼센트인지를 확인하시기 바랍니다. 아이의 언어이해력 수준에 맞춰서 언어 놀이를 해줘야 하기 때문입니다.
혹시 언어치료사의 성격과 아이의 성격이 맞지 않다면, 아이가 좋아하는 놀이치료사 선생님이나 감각통합치료사 선생님과 활동할 때 아이의 언어이해력을 도와주는 언어 놀이가 들어가면 좋습니다.

언어발달 1년 지연이 언어이해력 문제인지 말하기 문제인지가 질문에 나타나 있지 않습니다. 말하기는 1년 지연이 되어도 언어이해력이 자기 나이의 80퍼센트 이상이라면 저는 언어치료를 하지 않습니다.

지금 언어치료사 선생님을 거부한다면 다른 선생님을 찾아보시거나 치료를 중단하시기를 권합니다. 놀이치료와 감각통합치료를 할 정도라면 전반적인 발달 지연이 심할 것 같습니다. 아이의 인지발달 수준을 전문기관을 통해서 꼭 확인해보시면 좋겠습니다.

그밖에 궁금한 것들

언어가 느린 5세 아이인데 학습지로 효과를 볼 수 있을까요? 다른 친구들에 비해 말이 느린 편이라 언어치료를 받고 있습니다. 한글 공부를 시켜주고 싶은데 언어가 느려도 학습지를 할 수 있을까요? 아직은 작은 근육도 약해서 펜을 움켜잡는 게 힘겹긴 한데 10분 정도 수업을 하면 괜찮지 않을까요?

말이 트이지 않았다면 아이의 언어이해력 수준에 맞는 학습지를 꼭 해주시면 좋겠습니다. 한글 공부는 언어이해력이 아니라 비언어 인지 학습능력으로 습득이 가능합니다.

한글 쓰기는 강요하지 마시고 한글 읽기를 도와주시면 됩니다. 학습지는 선생님이 오신다고 생각하지 마시고 집에 이모나 고모가 놀러 와서 한글 공부를 하며 놀아준다고 생각하시면 됩니다. 만일 학습지 교사를 아이가 거부하면 중단하셔야 합니다. 공부가 아니고 놀이니까요.

42개월 5세 아이입니다. 언어치료센터에서 검사를 받았는데 발음이 안 좋다며 언어치료 30분, 조음치료 10분을 진행하자고 하네요. 그런데 다른 센터에 가서 물어보니 쉬운 발음은 뭉개듯 말하고 자신 있고 잘 아는 건 똑바로 발음하니 조음치료까지는 받지 않아도 된다고 합니다. 저는 아이의 말이 끝날 때까지 기다려줄 수 있고 알아들을 수 있지만 다른 사람이 듣기엔 웅얼웅얼한다고 느낄 것 같아요. 선생님과 친구들이 다시 되묻고 못 알아듣는 일이 반복되면 아이가 자신감을 잃을까 봐 걱정입니다. 발음이 고착화되면 치료가 더 어렵다고 하니 조음치료를 해줘야 할지, 안 해도 될지 모르겠습니다.

자기가 한 말의 발음이 정확하지 않다는 것을 아이도 알고 있습니다. 따라서 발음 교정을 위한 언어치료를 하지 않아도 스스로 정확한 발음을 내려고 노력합니다.
아이의 언어이해력이 정상 범위에 속한다면 자신의 발음을 친구들이 못 알아듣는다고 해서 42개월에 기가 죽지는 않습니다. 아이의 말을 알아듣지 못했을 때 교사가 "미안해. 다시 말해줄래?"라고 하거나 눈치껏 아이가 하려는 말의 의도를 파악해 주면 됩니다.
아이가 언어치료사 선생님을 좋아한다면 발음 교정을 위한 언어치료를 시도해보시기 바랍니다. 60개월까지 시간을 두고 기다려주셔도 좋고요.

⬤ 7세 아이가 말더듬이 심해져서 발달센터에서 검사와 상담을 했습니다. 그랬더니 자존감이 많이 떨어져 있고 불안과 긴장도가 높다고 합니다. 말이 잘 안 나올 때마다 눈을 찡그리고 몸도 움찔거려서 틱 증상이 아닌가 걱정도 됩니다. 심리 치료가 필요하다고 하는데 말더듬 치료를 하면서 심리 치료도 병행해야 할까요? 또 말더듬 치료에 도움이 되는 부모 행동 같은 것이 있을까요?

한국 나이로 7세, 만으로 6세일 것 같습니다. 만 5세가 넘었으므로 아이의 지능 특성을 알아보는 지능 검사와 심리 상태를 확인해보는 심리 검사도 필요해 보입니다.
만 6세이므로 먼저 지능 특성과 심리 특성을 이해하고 인지영역 간의 편차가 심해서 긴장도가 높은 것인지 심리적으로 상처를 받은 일이 있었는지를 확인하는 일이 필요합니다.

⬤ '무발화'란 정확히 어떤 걸 의미하나요? 입으로 나오는 말 중 의미 있는 말이 전혀 없을 때를 말하는 걸까요? 25개월 여자아이인데 '엄마', '아빠'를 '엄', '아' 이렇게 첫 음절만 소리내고 할 줄 아는 말이 없습니다. 옹알이 시기에도 울 때 말고는 소리를 잘 내지 않았어요. 신체발달에 문제가 없어서 그저 늦는 거겠지 생각했는데 아직도 이런 상태니 자폐스펙트럼은 아닌가 걱정됩니다. 무발화가 맞다면 언어치료를 받아야 할까요?

무발화의 원인이 무엇인지 아는 것이 중요합니다. 심한 운동장애가 있거나 성대에 문제가 있거나 발달장애로 친밀도가 떨어져서 말의 필요성을 느끼지 못하거나 심한 인지발달 지연으로 말의 필요성을 느끼지 못하는 등 여러 경우가 있습니다.

이렇게 극한 장애의 경우로 인한 무발화가 아닌, 단순히 말이 늦게 트이는 경우의 무발화는 구강과 입술 주변의 운동 조정능력의 어려움 때문일 가능성이 높습니다. 만 4~5세까지 구강과 입술 주변의 운동 조정력이 자연적으로 좋아질 때까지 기다려주는 게 좋습니다.

아기가 심한 운동장애를 보이거나 심한 인지발달 지연을 보이지 않는데 말을 못하는 것은 만 4~5세까지 충분히 기다려주시면 됩니다. 25개월에 운동발달이 정상 범위에 속하는데 '엄마', '아빠'를 '엄', '아'라고 말하는 것은 무발화가 아닙니다.

병원이나 센터에서 하는 부모교육 프로그램이 도움이 될까요? 치료사가 아이에게 언어자극 주는 놀이법을 직접 보여주고 가르쳐주는 거라고 하는데, 이런 부모교육이 도움이 될지 궁금합니다. 대학병원이라서 비용이 만만치 않아서 부담이 되는데 필요하다면 듣는 게 좋을까요? 만약 듣는다면 좋은 부모교육 프로그램은 어디서 찾을 수 있을까요?

병원에서 하는 부모교육은 발달에 심한 지연을 보이는 아이들의 부모를 위한 것이고 대부분 비용을 받지 않습니다. 아이의 발달 지연이 심하다면 병원에서 제공하는 부모교육은 받으시는 것이 좋습니다.

발달 지연이 심하지 않은 아이들을 위한 고가의 부모교육 프로그램이 필요한지는 의문입니다. 요즘은 너무나 다양한 전문가들이 유튜브를 통해서 육아법에 대한 이야기를 하고 있습니다. 여러 가지를 들어보시고 부모의 마음을 불안하게 하는 상업적인 목적의 부모교육인지 아닌지를 잘 분별하시면 좋겠습니다.

여아가 남아보다 말이 더 빠르다고 하는데 정말 그런가요? 단순한 성별 고정관념인지, 실제로 과학적인 근거가 있는지 궁금합니다. 만약 여아가 말이 더 빠르다면 그 이유는 무엇인가요?

연구 결과, 남아가 여아보다 발달장애가 세 배에서 다섯 배 많은 것은 사실입니다. 최근에 남자의 염색체에 존재하는 유전자들이 발달장애의 원인인 것으로 밝혀지고 있습니다. 모든 경우의 발달장애아들은 말하기에 어려움을 보이게 됩니다. 남아가 여아보다 발달장애가 많고 발달장애의 증상 중에 초보 부모가 쉽게 발견하는 증상이 말하기이므로 전문가의 연구 결과가 초보 부모들에게는 '남아가 여아보다 말하기가 더 느리다'라고 이해되지 않았을까 싶습니다.

김수연 박사의 K-DST
(한국 영유아 발달선별검사)

언어영역 검사 활용 가이드

K-DST 한국 영유아 발달선별검사의 검사영역 중 언어영역은 아이의 언어 이해력과 표현력을 점검하는 항목들로 구성되어 있습니다. 초보 양육자의 경우 K-DST의 언어영역 항목을 어떻게 검사해야 하는지 몰라서 당황하는 경우가 있습니다.

김수연 박사의 〈K-DST 언어영역 검사 활용 가이드〉에서는 언어발달 검사의 각 항목마다 집에서 어떻게 점검해 볼 수 있는지에 대한 설명과 아이와 어떻게 상호작용을 할 때 언어발달을 자극시킬 수 있는지에 대한 내용을 담았습니다.

K-DST 앱을 통해 언어영역 항목에 대한 점수를 넣기 전에 김수연 박사의 〈K-DST 언어영역 검사 활용 가이드〉를 먼저 참고하시기 바랍니다.

어떤 항목이 중요한 항목인지, 아이에게서 반응이 나오지 않을 때 어떻게 아이와 상호작용을 해주면 좋을지에 대한 가이드를 얻을 수 있을 것입니다.

김수연 박사의 〈K-DST 언어영역 검사 활용 가이드〉를 통해서 아이와 언어적 상호작용의 즐거움을 느껴보시기 바랍니다.

K-DST 언어영역 검사 평가 해석 방법

언어발달에서 중요한 영역은 언어이해력입니다. K-DST 언어영역 검사에는 언어이해력과 언어표현력의 평가가 같이 포함되어 있습니다. 언어표현력 검사에서 통과하지 못하는 항목이 많이 있더라도 언어이해력 항목을 통과한다면 아이의 언어발달 수준을 크게 걱정하지 않아도 좋습니다.

아이의 언어표현력은 아이의 입과 입술 주변의 질적 운동성과 관련이 있으므로 입과 입술 주변의 질적 운동성이 늦되는 경우 말이 늦게 트이게 됩니다. 말이 늦게 트이는 경우 자연적인 성숙속도에 따라서 생후 3~4세 이후에 말이 갑자기 트일 수도 있습니다. 언어이해력은 어려움이 없으면서 언어표현력에 지연을 보인다면 시간을 두고 지켜보아도 좋습니다. 하지만 K-DST 언어영역 검사에는 언어이해력과 언어표현력의 평가가 같이 포함되어 있으므로 언어이해력은 지연이 없어도 언어표현력 항목에서 평가결과가 안 좋을 경우에는 언어발달 지연으로 해석이 나올 수도 있습니다.

별책부록 〈집에서 하는 언어자극 놀이 & 언어이해력 평가 58문항〉을 참고해서 아기의 언어이해력이 정상범위에 속한다면 K-DST 검사에서 언어발달 지연으로 평가되어도 걱정하지 않으셔도 좋습니다.

K-DST 언어영역 검사 평가 방법

질문 내용을 10번 수행해서

    8~10번 반응하는 경우 (8~10 / 10) → 질문 항목의 ③에 표기

질문 내용을 10번 수행해서

    3~7번 반응하는 경우 (3~7 / 10) → 질문 항목의 ②에 표기

질문 내용을 10번 수행해서

    한두 번 반응하는 경우 (1~2 / 10) → 질문 항목의 ①에 표기

질문 내용을 10번 수행해서

    한 번도 반응하지 않는 경우 (0 /10) → 질문 항목의 ◎에 표기

일러두기

* 각 검사 문항의 번호에 맞추어 검사 가이드에 설명을 달았습니다.

4~5개월 검사 문항

1	'아', '우' 등 의미 없는 발성을 한다.	③ ② ① ◎
2	아이를 어르거나 달래면 옹알이로 반응한다.	③ ② ① ◎
3	웃을 때 소리를 내며 웃는다.	③ ② ① ◎
4	장난감이나 사람을 보고 소리를 내어 반응한다.	③ ② ① ◎
5	두 입술을 떨어서 내는 투레질 소리(젖먹이가 하는 '푸푸' 같은 소리)를 낸다.	③ ② ① ◎
6	'브', '쁘', '프', '므'와 비슷한 소리를 낸다.	③ ② ① ◎
7	'엄마' 또는 '아빠'와 비슷한 소리를 낸다(의미 없이 내는 소리도 포함된다).	③ ② ① ◎
8	아이에게 "안 돼요"라고 하면 짧은 순간이라도 하던 행동을 멈추고 목소리에 반응한다.	③ ② ① ◎

| 검사 가이드 |

1 생후 1개월부터 4개월까지는 목구멍에서 나는 소리를 내게 됩니다. 이럴 때 아기가 어떤 소리를 내건 "아, 그랬어요~" 하면서 적극적으로 반응해 주세요.

2 생후 4개월에는 목구멍에서 나는 소리로 '우엉우엉' 하는 소리를 내기도 합니다. 옹알이에도 불만과 기쁨의 감정이 소리의 톤으로 표현됩니다. 하지만 아직 소리를 내지 않는 아기들도 있습니다. 아기가 옹알이를 하지 않아도 양육자가 먼저 말을 건네려는 노력을 해야 아기도 소리를 내려고 애쓰게 됩니다.

3 모든 아기가 소리를 내어 웃지는 않으며, 소리 내어 웃지 않는다고 언어표현력 지연은 아닙니다. 아기가 크게 소리 내지 않아도 아기와 상호작용을 할 때는 연기하듯이 "하하하" 하고 크게 웃어보세요. 생후 5개월경에는 "악" 하고 소리 지르는 형태로 말을 걸어올 수 있습니다.

4 자기가 좋아하는 물건이나 사람을 보면 흥분해서 소리를 낼 수도 있지만 아기의 기질에

따라서 반응을 보이지 않을 수도 있습니다. 아기가 좋아하는 사람이 왔을 때 혹은 아기가 좋아하는 장난감을 보여주면서 "우아!" 하며 과장된 반응을 보여주세요. 목소리 톤을 높여야 아기의 관심을 끌 수 있습니다.

5 성대를 움직여서 소리를 내다보면 아기가 자기 입을 가지고 놀다가 입의 압력이 높아진 상태에서 침을 뱉는 듯한 투레질 소리를 내게 됩니다. 자기 입과 입술을 가지고 놀 수 있을 정도로 운동 기능이 발달하여야 하므로 생후 5개월 이후에 관찰할 수 있으며 조용한 기질의 아기는 투레질을 하지 않는 경우도 많습니다.

6 입술을 움직여서 나는 소리는 생후 6개월 이후가 되어야 가능합니다. 입술 주변의 움직임이 빠르지 않은 아기들은 생후 7개월에도 입술을 움직이는 발음을 내기 어렵습니다. 양육자가 '엄마', '맘마' 등의 말에 악센트를 주어 말하면서 아기가 양육자의 입술 움직임을 관찰할 수 있게 해주세요. 이때 립스틱을 발라서 입술에 시선을 끌게 해주어도 좋습니다.

7 생후 6개월 이후에는 '음마' 혹은 '엄마', '아바' 혹은 '아빠'라고 말하는 소리를 낼 수 있습니다. 엄마의 명칭이 엄마고 아빠의 명칭이 아빠라는 사실을 인지하고 하는 말은 아닙니다. 하지만 기질적으로 말하기를 즐기지 않거나 운동발달이 늦되는 아기들의 경우에는 아직 '엄마'나 '아빠'라는 발음이 나오지 않을 수 도 있습니다. '엄마', '아빠'의 발음이 나오지 않아도 아직 걱정할 일은 아닙니다.

8 아기가 양육자의 머리카락을 잡아당기거나 만지지 말아야 할 물건을 만질 때 "안 돼요"라고 긴장한 얼굴표정과 단호한 목소리로 말해봅니다. 아기가 긴장하거나 하던 행동을 멈추는지 관찰해 보세요. 소리를 지르거나 야단을 치는 목소리로 말하면 안 됩니다. 반드시 조심하세요.

1	'아', '우', '이' 등 의미 없는 발성을 한다.	③ ② ① ◎	5	'브', '쁘', '프', '므' 와 비슷한 소리를 낸다.	③ ② ① ◎
2	아이를 어르거나 달래면 옹알이로 반응한다.	③ ② ① ◎	6	'엄마' 또는 '아빠'와 비슷한 소리를 낸다(의미 없이 내는 소리도 포함된다).	③ ② ① ◎
3	웃을 때 소리를 내며 웃는다.	③ ② ① ◎	7	아이에게 "안 돼요"라고 하면 짧은 순간이라도 하던 행동을 멈추고 목소리에 반응한다.	③ ② ① ◎
4	두 입술을 떨어서 내는 투레질 소리(젖먹이가 하는 '푸푸' 같은 소리)를 낸다.	③ ② ① ◎	8	'무무', '바바바', '다다', '마마마' 등의 소리를 반복해서 발성한다.	③ ② ① ◎

| 검사 가이드 |

1 생후 1개월부터 4개월까지는 목구멍에서 나는 소리를 내게 됩니다. 이럴 때 아기가 어떤 소리를 내건 "아, 그랬어요~" 하면서 적극적으로 반응해 주세요.

2 생후 4개월에는 목구멍에서 나는 소리로 '우엉우엉' 하는 소리를 내기도 합니다. 옹알이에도 불만과 기쁨의 감정이 소리의 톤으로 표현됩니다. 하지만 아직 소리를 내지 않는 아기들도 있습니다. 아기가 옹알이를 하지 않아도 양육자가 먼저 말을 건네려는 노력을 해야 아기도 소리를 내려고 애쓰게 됩니다.

3 모든 아기가 소리를 내어 웃지는 않으며, 소리 내어 웃지 않는다고 언어표현력 지연은 아닙니다. 아기가 크게 소리 내지 않아도 아기와 상호작용을 할 때는 연기하듯이 "하하하" 하고 크게 웃어보세요. 생후 5개월경에는 "악" 하고 소리 지르는 형태로 말을 걸어올 수 있습니다.

4 성대를 움직여서 소리를 내다보면 아기가 자기 입을 가지고 놀다가 입의 압력이 높아진 상태에서 침을 뱉는 듯한 투레질 소리를 내게 됩니다. 자기 입과 입술을 가지고 놀 수 있을 정도로 운동 기능이 발달하여야 하므로 생후 5개월 이후에 관찰할 수 있으며 조용한 기질의 아기는 투레질을 하지 않는 경우도 많습니다.

5 입술을 움직여서 나는 소리는 생후 6개월 이후가 되어야 가능합니다. 입술 주변의 움직임이 빠르지 않은 아기들은 생후 7개월에도 입술을 움직이는 발음을 내기 어렵습니다. 양육자가 '엄마', '맘마' 등의 말에 악센트를 주어 말하면서 아기가 양육자의 입술 움직임을 관찰할 수 있게 해주세요. 이때 립스틱을 발라서 입술에 시선을 끌게 해주어도 좋습니다.

6 생후 6개월 이후에는 '음마' 혹은 '엄마', '아바' 혹은 '아빠'라고 말하는 소리를 낼 수 있습니다. 엄마의 명칭이 엄마고 아빠의 명칭이 아빠라는 사실을 인지하고 하는 말은 아닙니다. 하지만 기질적으로 말하기를 즐기지 않거나 운동발달이 늦되는 아기들의 경우에는 아직 '엄마'나 '아빠'라는 발음이 나오지 않을 수 도 있습니다. '엄마', '아빠'의 발음이 나오지 않아도 아직 걱정할 일은 아닙니다.

7 아기가 양육자의 머리카락을 잡아당기거나 만지지 말아야 할 물건을 만질 때 "안 돼요"라고 긴장한 얼굴표정과 단호한 목소리로 말해봅니다. 아기가 긴장하거나 하던 행동을 멈추는지 관찰해 보세요. 소리를 지르거나 야단을 치는 목소리로 말하면 안 됩니다. 반드시 조심하세요.

8 아기는 생후 6개월이 지나면서 입술을 움직여서 소리를 내게 되는데 이때 양육자는 아기가 하는 말(소리)을 그대로 따라하면서 반응해줘도 됩니다. 아기가 소리를 낼 때, 소리의 톤으로 감정이 표현되므로 아기의 옹알이 톤을 통해서 아기의 감정을 이해하려고 노력해 보세요.

8~9개월 검사 문항

1	'브', '쁘', '프', '므' 와 비슷한 소리를 낸다.	③ ② ① ⓪	5	동작을 보여주지 않고 말로만 '빠이빠이', '짝짜꿍', '까꿍'을 시키면 최소한 한 가지를 한다.	③ ② ① ⓪
2	'엄마' 또는 '아빠'와 비슷한 소리를 낸다(의미 없이 내는 소리도 포함된다).	③ ② ① ⓪	6	엄마에게 "엄마" 혹은 아빠에게 "아빠"라고 말한다.	③ ② ① ⓪
3	아이에게 "안 돼요"라고 하면 짧은 순간이라도 하던 행동을 멈추고 목소리에 반응한다.	③ ② ① ⓪	7	자음과 모음이 합쳐진 소리 (자음 옹알이)를 낸다.(예: '다', '가', '모', '버', '더' 등)	③ ② ① ⓪
4	'무무', '바바바', '다다', '마마마' 등의 소리를 반복해서 발성한다.	③ ② ① ⓪	8	동작을 보여주지 않고 말로만 "주세요", "오세요", "가자", "밥먹자"를 말하면 두 가지 이상은 뜻을 이해한다.	③ ② ① ⓪

| 검사 가이드 |

1 입술을 움직여서 나는 소리는 생후 6개월 이후가 되어야 가능합니다. 입술 주변의 움직임이 빠르지 않은 아기들은 생후 7개월에도 입술을 움직이는 발음을 내기 어렵습니다. 양육자가 '엄마', '맘마' 등의 말에 악센트를 주어 말하면서 아기가 양육자의 입술 움직임을 관찰할 수 있게 해주세요. 이때 립스틱을 발라서 입술에 시선을 끌게 해주어도 좋습니다.

2 생후 6개월 이후에는 '음마' 혹은 '엄마', '아바' 혹은 '아빠'라고 말하는 소리를 낼 수 있습니다. 엄마의 명칭이 엄마고 아빠의 명칭이 아빠라는 사실을 인지하고 하는 말은 아닙니다. 하지만 기질적으로 말하기를 즐기지 않거나 운동발달이 늦되는 아기들의 경우에는 아직 '엄마'나 '아빠'라는 발음이 나오지 않을 수 도 있습니다. '엄마', '아빠'의 발음이 나오지 않아도 아직 걱정할 일은 아닙니다.

3 아기가 양육자의 머리카락을 잡아당기거나 만지지 말아야 할 물건을 만질 때 "안 돼요"라

고 긴장한 얼굴표정과 단호한 목소리로 말해봅니다. 아기가 긴장하거나 하던 행동을 멈추는지 관찰해 보세요. 소리를 지르거나 야단을 치는 목소리로 말하면 안 됩니다. 반드시 조심하세요.

4 아기는 생후 6개월이 지나면서 입술을 움직여서 소리를 내게 되는데 이때 양육자는 아기가 하는 말(소리)을 그대로 따라하면서 반응해줘도 됩니다. 아기가 소리를 낼 때, 소리의 톤으로 감정이 표현되므로 아기의 옹알이 톤을 통해서 아기의 감정을 이해하려고 노력해 보세요.

5 먼저 말과 함께 동작으로 '빠이빠이', '짝짜꿍', '까꿍'의 의미를 전달해 주세요. 일주일 정도 지난 후에 동작 없이 말로만 '빠이빠이', '짝짜꿍', '까꿍'을 말했을 때 아기가 동작을 하는지 확인해 보세요. 운동발달이 좀 늦되거나 생각을 많이 하는 사고형 아기는 동작을 따라하지 않을 수도 있습니다.

6 생후 8개월이 되면 엄마의 호칭이 '엄마', 아빠의 호칭이 '아빠'라는 것을 알게 됩니다. 간혹 엄마와 아빠를 혼동하는 경우도 있고 '아빠' 소리만 하고 '엄마' 소리를 하지 않는 경우도 있습니다. "엄마", "아빠"라고 말은 못해도 "엄마 어디 있어?"라고 했을 때 엄마를 바라본다면 걱정하지 않아도 됩니다.

7 아기가 어쩌다 한번 '버', '모' 같은 말을 하기도 하지만, 하지 않는다고 걱정할 일은 아닙니다.

8 생후 8개월부터 아기에게 "주세요", "오세요", "가자", "밥먹자", "빠이빠이" 등을 알려주기 시작하시면 됩니다. 아기에게 말로 "주세요"라고 했을 때 아기가 두 손을 앞으로 내미는 행동을 하기도 합니다. 아기에 따라서 생후 8~9개월에 할 수 있는 아기들도 있고 하지 않는 아기들도 많습니다. 늦어도 생후 14개월경에는 모든 아기들이 할 수 있으니 걱정하지 마세요.

10~11개월 검사 문항

1	아이에게 "안 돼요"라고 하면 짧은 순간이라도 하던 행동을 멈추고 목소리에 반응한다..	③ ② ① ⑩	5	자음과 모음이 합쳐진 소리 (자음 옹알이)를 낸다.(예: '다', '가', '모', '버', '더' 등)	③ ② ① ⑩
2	'무무', '바바바', '다다', '마마마' 등의 소리를 반복해서 발성한다.	③ ② ① ⑩	6	동작을 보여주지 않고 말로만 "주세요", "오세요", "가자", "밥먹자"를 말하면 두 가지 이상을 뜻을 이해한다.	③ ② ① ⑩
3	동작을 보여주지 않고 말로만 '빠이빠이', '짝짜꿍', '까꿍'을 시키면 최소한 한 가지를 한다.	③ ② ① ⑩	7	원하는 것을 손가락으로 가리킨다.	③ ② ① ⑩
4	엄마에게 "엄마" 혹은 아빠에게 "아빠"라고 말한다.	③ ② ① ⑩	8	좋다(예), 싫다(아니오)를 고개를 끄덕이거나 몸을 흔들어 표현한다.	③ ② ① ⑩

| 검사 가이드 |

1 "안 돼요"라는 말은 생후 5~6개월경부터 양육자가 고개를 양옆으로 흔든다거나 목소리 톤을 낮추거나 아기의 팔을 움직이지 못하게 살짝 잡으면서 말해주어야 합니다. 그래야 생후 10~11개월경에 양육자의 몸짓 없이 말로만 "안 돼요"라고 말할 때 아기가 그 말을 이해할 수 있습니다. 혹시 그동안 아기가 스트레스 받을 까봐 "안 돼요"라는 말을 하지 않았다면 지금부터 "안 돼요"라는 말을 시작하시면 됩니다.

2 이 시기에는 아기들이 입술을 움직여서 소리를 내기도 합니다. 양육자는 아기가 하는 말을 그대로 따라서 반응해줘도 됩니다. 아기가 소리를 낼 때 나오는 톤으로 아기의 감정이 표현됩니다. 항의하듯이 '마마마' 할 수도 있고 기분 좋은 톤으로 '마마마' 할 수도 있습니다. 양육자도 아기와 같은 톤으로 말해주거나 "화가 났어요?" 아니면 "기분이 좋아요?" 라

고 반응해 주어도 좋습니다.

3 아기에 따라서 양육자가 동작 없이 말로만 표현했을 때 적극적으로 관련한 동작을 하면서 반응하는 아기도 있고 반응을 잘 보이지 않는 아기도 있습니다. 선천적으로 얼굴에 표정이 많지 않고 몸이 약간 둔한 아기들의 경우 생후 10~11개월경에는 반응을 잘 보이지 않을 수 있습니다. 그렇다고 너무 걱정할 일은 아닙니다.

4 생후 8개월이 되면 엄마의 호칭이 '엄마', 아빠의 호칭이 '아빠'라는 것을 알게 됩니다. 간혹 엄마와 아빠를 혼동하는 경우도 있고 '아빠' 소리만 하고 '엄마' 소리를 하지 않는 경우도 있습니다. 애착이 형성되지 않아서 '엄마' 소리를 하지 않는 것은 아니므로 혹시라도 애착장애를 의심하지는 않아도 됩니다. 일상에서 '엄마', '아빠'라는 말을 자주 해주면 됩니다.

5 이 시기에 입술 주변의 운동성이 뛰어난 아기는 자음과 모음이 합쳐진 말을 할 수 있습니다. 구강과 입술 주변의 운동성이 느린 아기의 경우에는 생후 13개월에도 발음하기 어려울 수도 있습니다. 아기가 발음을 못해도 일상에서 아기가 좋아하는 물건의 이름을 또박또박 이야기해 주면, 아기가 그 발음을 스스로 해보려고 노력하게 됩니다.

6 말과 함께 동작으로 "주세요", "오세요", "가자", "밥먹자"의 의미를 전달해 주세요. 일주일 정도 지난 후에 동작 없이 말로만 말했을 때 아기가 동작으로 반응 하는지 확인해 보세요. 운동발달이 좀 늦되거나 생각을 많이 하는 사고형 아기는 동작을 따라하지 않을 수도 있습니다.

7 이 시기의 아기는 원하는 것을 눈으로 쳐다보기도 하고, 원하는 곳으로 기어가기도 하고, 손가락으로 지적하기도 합니다. 굳이 손가락으로 지적하지 않아도 원하는 것을 쳐다본다거나 그쪽으로 기어간다면 너무 걱정하지마세요.

8 좋다는 표현은 미소를 짓거나 양육자에게 다가오는 몸짓으로도 표현이 됩니다. 싫다는 표현은 고개를 젓거나 등에 힘을 주거나 도망가는 몸짓으로도 표현이 됩니다.

12~13개월 검사 문항

1	동작을 보여주지 않고 말로만 '빠이빠이', '짝짜꿍', '까꿍'을 시키면 최소한 한 가지를 한다.	③ ② ① ◎	5	동작을 보여주지 않고 말로만 "주세요", "오세요", "가자", "밥먹자"를 말하면 두 가지 이상은 뜻을 이해한다.	③ ② ① ◎
2	엄마에게 "엄마" 혹은 아빠에게 "아빠"라고 말한다.	③ ② ① ◎	6	좋다(예), 싫다(아니오)를 고개를 끄덕이거나 몸을 흔들어 표현한다.	③ ② ① ◎
3	자음과 모음이 합쳐진 소리 (자음 옹알이)를 낸다.(예: '다', '가', '모', '버', '더' 등)	③ ② ① ◎	7	'엄마', '아빠' 외에 말할 줄 아는 단어가 하나 더 있다.(예 : 무(물), 우(우유)처럼 평소 아기가 일정하게 의미를 두고 하는 말)	③ ② ① ◎
4	원하는 것을 손가락으로 가리킨다.	③ ② ① ◎	8	보이는 곳에 공을 두고 "공이 어디 있어요?" 하고 물어보면 공이 있는 방향을 쳐다본다.	③ ② ① ◎

| 검사 가이드 |

1 아기에 따라서 양육자가 동작 없이 말로만 표현했을 때 적극적으로 관련한 동작을 하면서 반응하는 아기도 있고 반응을 잘 보이지 않는 아기도 있습니다. 선천적으로 얼굴에 표정이 많지 않고 몸이 약간 둔한 아기들의 경우 생후 10~11개월경에는 반응을 잘 보이지 않을 수 있습니다. 그렇다고 너무 걱정할 일은 아닙니다.

2 생후 8개월이 되면 엄마의 호칭이 '엄마', 아빠의 호칭이 '아빠'라는 것을 알게 됩니다. 간혹 엄마와 아빠를 혼동하는 경우도 있고 '아빠' 소리만 하고 '엄마' 소리를 하지 않는 경우도 있습니다. 애착이 형성되지 않아서 '엄마' 소리를 하지 않는 것은 아니므로 혹시라도 애착장애를 의심하지는 않아도 됩니다. 일상에서 '엄마', '아빠'라는 말을 자주 해주면 됩니다.

3 이 시기에 입술 주변의 운동성이 뛰어난 아기는 자음과 모음이 합쳐진 말을 할 수 있습니다. 구강과 입술 주변의 운동성이 느린 아기의 경우에는 생후 13개월에도 발음하기 어려울 수도 있습니다. 아기가 발음을 못해도 일상에서 아기가 좋아하는 물건의 이름을 또박또박 이야기해 주면, 아기가 그 발음을 스스로 해보려고 노력하게 됩니다.

4 이 시기의 아기는 원하는 것을 눈으로 쳐다보기도 하고, 원하는 곳으로 기어가기도 하고, 손가락으로 지적하기도 합니다. 굳이 손가락으로 지적하지 않아도 원하는 것을 쳐다본다거나 그쪽으로 기어간다면 너무 걱정하지마세요.

5 말과 함께 동작으로 "주세요", "오세요", "가자", "밥먹자"의 의미를 전달해 주세요. 일주일 정도 지난 후에 동작 없이 말로만 말했을 때 아기가 동작으로 반응 하는지 확인해 보세요. 운동발달이 좀 늦되거나 생각을 많이 하는 사고형 아기는 동작을 따라하지 않을 수도 있습니다.

6 좋다는 표현은 미소를 짓거나 양육자에게 다가오는 몸짓으로도 표현이 됩니다. 싫다는 표현은 고개를 젓거나 등에 힘을 주거나 도망가는 몸짓으로도 표현이 됩니다.

7 말이 빠른 아기의 경우 생후 12개월경에 '엄마', '아빠' 이외에도 반쪽짜리 말을 할 수 있지만 대부분의 경우 아직 호칭이나 단어를 말하기는 어렵습니다. 입술 주변의 질적 운동성이 많이 지연되는 경우는 한마디도 못 할 수 있습니다. 그러나 일상에서 반복되는 말('가자', '앉아', '일어나세요' 등)을 이해한다면 아기가 단어로 말하지 못하는 것은 걱정하지 않아도 됩니다. 언어표현력은 운동발달 수준이 큰 영향을 미치므로 언어이해력 중심으로 아기의 인지발달을 평가합니다.

8 아기가 평상시 좋아하는 사물명의 이름을 이해하는지 살펴보면 됩니다. 공을 좋아하지 않는 아기에게 "공 어디 있어요?"라고 묻는 경우에는 공을 쳐다보지 않을 수도 있습니다.

14~15개월 검사 문항

1	동작을 보여주지 않고 말로만 '빠이빠이', '짝짜꿍', '까꿍'을 시키면 최소한 한 가지를 한다.	③ ② ① ◎
2	좋다(예), 싫다(아니오)를 고개를 끄덕이거나 몸을 흔들어 표현한다.	③ ② ① ◎
3	'엄마', '아빠' 외에 말할 줄 아는 단어가 하나 더 있다.(예 : 무(물), 우(우유)처럼 평소 아기가 일정하게 의미를 두고 하는 말)	③ ② ① ◎
4	엄마에게 "엄마" 혹은 아빠에게 "아빠"라고 말한다.	③ ② ① ◎
5	보이는 곳에 공을 두고 "공이 어디 있어요?" 하고 물어보면 공이 있는 방향을 쳐다본다.	③ ② ① ◎
6	"아니"와 같이 싫다는 뜻을 가진 말의 의미를 알고 사용한다.	③ ② ① ◎
7	아기에게 익숙한 물건(전화기, 자동차, 책 등)을 그림에서 찾으라고 하면 손으로 가리킨다.	③ ② ① ◎
8	이름을 듣고 해당 동물의 그림이 사진을 찾아낼 수 있다.	③ ② ① ◎

| 검사 가이드 |

1 아기에 따라서 양육자가 동작 없이 말로만 표현했을 때 적극적으로 관련한 동작을 하면서 반응하는 아기도 있고 반응을 잘 보이지 않는 아기도 있습니다. 선천적으로 얼굴에 표정이 많지 않고 몸이 약간 둔한 아기들의 경우 생후 14~15개월경에도 반응을 잘 보이지 않을 수 있습니다. 그렇다고 너무 걱정할 일은 아닙니다. 하지만 계속 가르치는 노력을 하시기 바랍니다.

2 좋다는 표현은 미소를 짓거나 양육자에게 다가오는 몸짓으로도 표현이 됩니다. 싫다는 표현은 고개를 젓거나 등에 힘을 주거나 도망가는 몸짓으로도 표현이 됩니다.

3 말이 빠른 아기의 경우 생후 12개월경에 '엄마', '아빠' 이외에도 반쪽짜리 말을 할 수 있지

만 대부분의 경우 아직 호칭이나 단어를 말하기는 어렵습니다. 입술 주변의 질적 운동성이 많이 지연되는 경우는 한마디도 못할 수 있습니다. 그러나 일상에서 반복되는 말('가자', '앉아', '일어나세요' 등)을 이해한다면 아기가 단어로 말하지 못하는 것은 걱정하지 않아도 됩니다. 언어표현력은 운동발달 수준이 큰 영향을 미치므로 언어이해력 중심으로 아기의 인지발달을 평가합니다.

4   "엄마"라고 말하지 못해도 "엄"만 말해도 괜찮습니다. 엄마, 아빠보다 할머니를 더 좋아하거나 강아지를 더 좋아해서 부모가 아닌 다른 사람의 호칭을 먼저 말해도 괜찮습니다.

5   아기가 평상시 좋아하는 사물명의 이름을 이해하는지 살펴보면 됩니다. 공을 좋아하지 않는 아기에게 "공 어디 있어요?"라고 묻는 경우에는 공을 쳐다보지 않을 수도 있습니다.

6   생후 14~15개월에 아기가 "아니"라고 말하지 못해도 고개를 젓거나 얼굴이나 몸을 돌린다면 걱정할 일은 전혀 아닙니다. 일상에서 양육자가 "아니"라고 말했을 때를 기억하고 자신이 싫을 때 "아니"라고 말하기도 합니다.

7   생후 6개월경부터 그림책을 보여주면서 그림책에 나오는 사물명을 알려주면 생후 14~16개월경에는 그림책 속의 사물명을 기억하게 됩니다. 굳이 손으로 가리키지 않아도 아기가 눈으로 쳐다보면 아기가 사물명을 이해한다고 판단하면 됩니다. 손가락으로 지적하지 않는다면 아기의 손가락을 잡고 그림에 손가락을 대주어도 좋습니다.

8   생후 6개월부터 동물 그림책을 보여주면서 동물 이름을 알려주었다면 생후 14~15개월에는 한 개 혹은 두 개 정도의 동물 이름을 말하면 그 동물을 찾을 수 있습니다.

16~17개월 검사 문항

1	좋다(예), 싫다(아니오)를 고개를 끄덕이거나 몸을 흔들어 표현한다.	③ ② ① ⓪	5	"아니"와 같이 싫다는 뜻을 가진 말의 의미를 알고 사용한다.	③ ② ① ⓪
2	'엄마', '아빠' 외에 말할 줄 아는 단어가 하나 더 있다.(예 : 무(물), 우(우유)처럼 평소 아기가 일정하게 의미를 두고 하는 말)	③ ② ① ⓪	6	아기에게 익숙한 물건(전화기, 자동차, 책 등)을 그림에서 찾으라고 하면 손으로 가리킨다.	③ ② ① ⓪
3	엄마에게 "엄마" 혹은 아빠에게 "아빠"라고 말한다.	③ ② ① ⓪	7	이름을 듣고 해당 동물의 그림이 사진을 찾아낼 수 있다.	③ ② ① ⓪
4	보이는 곳에 공을 두고 "공이 어디 있어요?" 하고 물어보면 공이 있는 방향을 쳐다본다.	③ ② ① ⓪	8	'엄마' '아빠' 외에 여덟 개 이상의 단어를 말한다.	③ ② ① ⓪

| 검사 가이드 |

1 좋다는 표현은 미소를 짓거나 양육자에게 다가오는 몸짓으로도 표현이 됩니다. 싫다는 표현은 고개를 젓거나 등에 힘을 주거나 도망가는 몸짓으로도 표현이 됩니다.

2 말이 빠른 아기의 경우 생후 12개월경에 '엄마', '아빠' 이외에도 반쪽짜리 말을 할 수 있지만 대부분의 경우 아직 호칭이나 단어를 말하기는 어렵습니다. 입술 주변의 질적 운동성이 많이 지연되는 경우는 한마디도 못할 수 있습니다. 그러나 일상에서 반복되는 말('가자', '앉아', '일어나세요' 등)을 이해한다면 아기가 단어로 말하지 못하는 것은 걱정하지 않아도 됩니다. 언어표현력은 운동발달 수준이 큰 영향을 미치므로 언어이해력 중심으로 아기의 인지발달을 평가합니다.

3 "엄마"라고 말하지 못해도 "엄"만 말해도 괜찮습니다. 엄마, 아빠보다 할머니를 더 좋아하거나 강아지를 더 좋아해서 부모가 아닌 다른 사람의 호칭을 먼저 말해도 괜찮습니다.

4 아기가 평상시 좋아하는 사물명의 이름을 이해하는지 살펴보면 됩니다. 공을 좋아하지 않는 아기에게 "공 어디 있어요?"라고 묻는 경우에는 공을 쳐다보지 않을 수도 있습니다.

5 생후 16~17개월에 아기가 "아니"라고 말하지 못해도 고개를 젓거나 얼굴이나 몸을 돌린다면 걱정할 일은 전혀 아닙니다. 일상에서 양육자가 "아니"라고 말했을 때를 기억하고 자신이 싫을 때 "아니"라고 말하기도 합니다.

6 생후 6개월경부터 그림책을 보여주면서 그림책에 나오는 사물명을 알려주면 생후 14~16개월경에는 그림책 속의 사물명을 기억하게 됩니다. 굳이 손으로 가리키지 않아도 아기가 눈으로 쳐다보면 아기가 사물명을 이해한다고 판단하면 됩니다. 손가락으로 지적하지 않는다면 아기의 손가락을 잡고 그림에 손가락을 대주어도 좋습니다.

7 생후 6개월부터 동물 그림책을 보여주면서 동물 이름을 알려주었다면 생후 16~17개월에는 4개 정도의 동물 이름을 말하면 동물을 찾을 수 있습니다.

8 이 시기에는 각 물건에 이름이 있다는 사실을 인지할 수 있으므로 말이 빨리 트이는 경우에는 자신이 좋아하는 사물명을 말할 수 있습니다. 바나나를 '나나', 나무를 '마무' 등 정확하지 않은 발음으로 말해도 됩니다. 아기들은 자신이 좋아하는 사물의 이름을 주로 말하게 되므로 반쪽짜리 말로 물을 '무'라고 발음해도 양육자는 "물" 하고 정확하게 발음해주면 됩니다. 하지만 아직 말을 한마디도 못해도 너무 걱정하진 마세요. 대신 반드시 아기의 언어이해력을 먼저 체크해 주세요.

18~19개월 검사 문항

1	보이는 곳에 공을 두고 "공이 어디 있어요?" 하고 물어보면 공이 있는 방향을 쳐다본다.	③ ② ① ◎	5	'엄마' '아빠' 외에 여덟 개 이상의 단어를 말한다.	③ ② ① ◎
2	"아니"와 같이 싫다는 뜻을 가진 말의 의미를 알고 사용한다.	③ ② ① ◎	6	그림책 속에 등장하는 사물의 이름을 말한다. (예: 신발을 가리키며 "이게 뭐지?" 하고 물으면 "신발"이라고 말한다)	③ ② ① ◎
3	아기에게 익숙한 물건(전화기, 자동차, 책 등)을 그림에서 찾으라고 하면 손으로 가리킨다.	③ ② ① ◎	7	정확하지는 않아도 두 단어로 된 문장을 따라 말한다. (예 : "까까 주세요", "이게 뭐야?"와 같이 말하면 아이가 따라 말한다)	③ ② ① ◎
4	이름을 듣고 해당 동물의 그림이 사진을 찾아낼 수 있다.	③ ② ① ◎	8	'나', '이것', '저것' 같은 대명사를 사용한다.	③ ② ① ◎

| 검사 가이드 |

1   아기가 평상시 좋아하는 사물명의 이름을 이해하는지 살펴보면 됩니다. 공을 좋아하지 않는 아기에게 "공 어디 있어요?"라고 묻는 경우에는 공을 쳐다보지 않을 수도 있습니다.

2   생후 18~19개월에 아기가 "아니"라고 말하지 못해도 고개를 젓거나 얼굴이나 몸을 돌린다면 걱정할 일은 전혀 아닙니다. 일상에서 양육자가 "아니"라고 말했을 때를 기억하고 자신이 싫을 때 "아니"라고 말하기도 합니다. 양육자가 "아니"라고 말할 때 아기가 그 의미를 이해하는 것이 더 중요합니다.

3   생후 6개월경부터 그림책을 보여주면서 그림책에 나오는 사물명을 알려주면 생후 18~19 개월경에는 그림책 속의 사물명을 기억하게 됩니다. 굳이 손으로 가리키지 않아도 아기가

눈으로 쳐다보면 아기가 사물명을 이해한다고 판단하면 됩니다. 손가락으로 지적하지 않는다면 아기의 손가락을 잡고 그림에 손가락을 대주어도 좋습니다.

4 생후 6개월부터 동물 그림책을 보여주면서 동물 이름을 알려주었다면 생후 18~19개월에는 동물 이름을 말하면 동물 그림책의 동물 이름을 모두 찾을 수 있습니다.

5 '엄마' 혹은 '아빠' 만 말할 줄 알고 다른 단어를 말하지 못하지만 동물 그림책의 동물 이름이나 자신이 좋아하는 장난감의 이름을 이해한다면 너무 걱정하지 않아도 됩니다. 언어표현력보다 언어이해력이 더 중요한 시기입니다.

6 아직 '신발'이라고 말하지 못해도 신발을 보고 사물명이 '신발'이라는 것을 이해한다면 걱정하지 않아도 됩니다. 아기에게 다양한 사물명을 알려주고 말이 트이기를 기다려야 하는 시기입니다.

7 생후 18~21개월경에 말이 빨리 트이는 아기는 두 단어로 말할 수도 있는데 주로 조사를 빼고 말하게 됩니다.(예 : "까까를 주세요" → "까까 주세요") 하지만 아직 두 단어로 말하지 못해도 간단한 문장을 이해하고 양육자가 요청하는 간단한 심부름을 할 수 있다면 너무 걱정하지 말고 기다리면 됩니다.

8 "뭐 줄까?"라고 말했을 때 "이것"이라고 답하는 것은 '이것'의 의미를 알기 때문입니다. 빠르면 18개월경에 '이것'의 의미를 알고, 필요할 때 말할 수 있지만 대부분 24개월쯤 되어가면서 '이것'이라는 말의 의미를 알고 말하게 됩니다. 어린이집에서 "누가 먹을래?"라고 물었을 때 옆에 친구들이 "나! 나!"라고 답하는 것을 듣는 경험이 쌓이면 '나'의 의미를 알고 말할 수 있습니다.
18개월 이전에는 "뭐 줄까?"라고 물은 후에 "사과? 바나나?"라고 물으면서 선택지를 주었다면 18개월이 되면서부터는 "이것 줄까? 저것 줄까?"라는 대명사로 말하면서 아기가 '이것'과 '저것'의 의미를 이해할 수 있게 도와주세요.

20~21개월 검사 문항

1	아이에게 익숙한 물건(전화기, 자동차, 책 등)을 그림에서 찾으라고 하면 손으로 가리킨다.	③ ② ① ◎
2	이름을 듣고 해당 동물의 그림이나 사진을 찾아낼 수 있다.	③ ② ① ◎
3	"엄마', '아빠" 외에 여덟 개 이상의 단어를 말한다.	③ ② ① ◎
4	그림책 속에 등장하는 사물의 이름을 말한다. (예: 신발을 가리키며 "이게 뭐지?" 하고 물으면 "신발"이라고 말한다)	③ ② ① ◎
5	정확하지는 않아도 두 단어로 된 문장을 따라 말한다. (예 : "까까 주세요", "이게 뭐야?"와 같이 말하면 아이가 따라 말한다)	③ ② ① ◎
6	'나', '이것', '저것' 같은 대명사를 사용한다.	③ ② ① ◎
7	다른 의미를 가진 두 개의 단어를 붙여 말한다.(예 : 엄마 우유, 장난감 줘, 과자 먹어)	③ ② ① ◎
8	단어의 끝 억양을 높임으로써 질문의 형태로 말한다.	③ ② ① ◎

| 검사 가이드 |

1 생후 6개월경부터 그림책을 보여주면서 그림책에 나오는 사물명을 알려주면 생후 18~19개월경에는 그림책 속의 사물명을 기억하게 됩니다. 굳이 손으로 가리키지 않아도 아기가 눈으로 쳐다보면 아기가 사물명을 이해한다고 판단하면 됩니다. 손가락으로 지적하지 않는다면 아기의 손가락을 잡고 그림에 손가락을 대주어도 좋습니다.

2 생후 6개월부터 동물 그림책을 보여주면서 동물 이름을 알려주었다면 생후 20~21개월에는 동물 이름을 말하면 동물 그림책의 동물 이름을 모두 찾을 수 있습니다.

3 '엄마' 혹은 '아빠' 만 말할 줄 알고 다른 단어를 말하지 못하지만 동물 그림책의 동물 이름이나 자신이 좋아하는 장난감의 이름을 이해한다면 너무 걱정하지 않아도 됩니다. 언어표

현력보다 언어이해력이 더 중요한 시기입니다.

4 아직 '신발'이라고 말하지 못해도 신발을 보고 사물명이 '신발'이라는 것을 이해한다면 걱정하지 않아도 됩니다. 아기에게 다양한 사물명을 알려주고 말이 트이기를 기다려야 하는 시기입니다. 이 시기에는 말은 아직 못해도 대부분의 사물명을 이해하고 간단한 문장도 이해할 수 있어야 합니다. 만일 언어이해력도 지연되고 말도 트이지 않았다면 언어이해력이 몇 개월 수준인지 평가해 보아야 합니다.

5 생후 18~21개월경에 말이 빨리 트이는 아기는 두 단어로 말할 수도 있는데 주로 조사를 빼고 말하게 됩니다.(예 : "까까를 주세요" → "까까 주세요") 하지만 아직 두 단어로 말하지 못해도 간단한 문장을 이해하고 양육자가 요청하는 간단한 심부름을 할 수 있다면 너무 걱정하지 말고 기다리면 됩니다. 언어표현력이 늦을 때는 언어이해력을 체크해 보세요

6 "뭐 줄까?"라고 말했을 때 "이것"이라고 답하는 것은 '이것'의 의미를 알기 때문입니다. 빠르면 18개월경에 '이것'의 의미를 알고, 필요할 때 말할 수 있지만 대부분 24개월쯤 되어가면서 '이것'이라는 말의 의미를 알고 말하게 됩니다. 어린이집에서 "누가 먹을래?"라고 물었을 때 옆에 친구들이 "나! 나!"라고 답하는 것을 듣는 경험이 쌓이면 '나'의 의미를 알고 말할 수 있습니다.

18개월 이전에는 "뭐 줄까?"라고 물은 후에 "사과? 바나나?"라고 물으면서 선택지를 주었다면 18개월이 되면서부터는 "이것 줄까? 저것 줄까?"라는 대명사로 말하면서 아기가 '이것'과 '저것'의 의미를 이해할 수 있게 도와주세요.

7 "엄마, 우유 주세요"를 "엄마, 우유"라고 표현하게 됩니다. 아기가 완성된 문장을 말하지 못하면 양육자가 완성된 문장을 아기에게 말해주면 됩니다. 언어이해력에 지연이 없다면 말이 트이지 않는 것은 아직 걱정하지 않아도 됩니다.

8 이 시기 아기는 의문문과 일반문의 문법적인 차이를 인지합니다. 말이 트인 아기의 경우 "이거 뭐야?", "먹어?", "우유?" 등의 말을 억양을 올려서 말할 수 있습니다. 두 단어를 말할 수 있는데 "우유 줘"를 "우유 줘?"라고 말한다면 의문문과 일반문의 차이를 이해하지 못하는 것일 수 있습니다. 양육자가 의문문은 어미의 억양을 올리고, 일반문은 억양을 내려서 말해주면 됩니다.

22~23개월 검사 문항

1	'엄마', '아빠' 외에 여덟 개 이상의 단어를 말한다.	③ ② ① ◎

5	다른 의미를 가진 두 개의 단어를 붙여 말한다.(예 : 엄마 우유, 장난감 줘, 과자 먹어)	③ ② ① ◎

2	그림책 속에 등장하는 사물의 이름을 말한다. (예: 신발을 가리키며 "이게 뭐지?" 하고 물으면 "신발"이라고 말한다)	③ ② ① ◎

6	단어의 끝 억양을 높임으로써 질문의 형태로 말한다.	③ ② ① ◎

3	정확하지는 않아도 두 단어로 된 문장을 따라 말한다. (예 : "까까 주세요", "이게 뭐야?"와 같이 말하면 아이가 따라 말한다)	③ ② ① ◎

7	자기 물건에 대해 '내 것'이란 표현을 한다.	③ ② ① ◎

4	'나', '이것', '저것' 같은 대명사를 사용한다.	③ ② ① ◎

8	손으로 가리키거나 동작으로 힌트를 주지 않아도 "식탁 위에 컵을 놓으세요"라고 말하면 아기가 바르게 수행한다.	③ ② ① ◎

| 검사 가이드 |

1 각각의 물건에 이름이 있다는 사실을 인지할 수 있으므로 말이 빨리 트이는 경우에는 자신이 좋아하는 사물명을 말할 수 있습니다. 바나나를 '나나', 나무를 '마무' 등 정확하지 않은 발음으로 말해도 됩니다. 아기들은 자신이 좋아하는 사물의 이름을 주로 말하게 되므로 반쪽짜리 말로 물을 '무'라고 발음해도 "아, 물" 하고 정확하게 아기에게 발음해주면 됩니다.

2 생후 8~9개월경부터 주변 사물의 이름을 알려줘야 생후 18개월경부터 단어로 말하기를 시작할 수 있습니다. 이 시기에는 자기가 알고 있는 사물명만 말할 수 있습니다. 그림 속의 물건이 신발이란 것을 아는데도 말을 안 하면 양육자 입장에서는 매우 답답하기 때문에 "신발, 신발" 하며 말하기를 강요하게 됩니다. 이럴 경우 아기는 정서적으로 위축될 수 있으므로 그림 속의 신발을 보고 현관의 신발을 쳐다보는 등의 다른 방식으로 소통해야 합니다.

3 생후 18~21개월경에 말이 빨리 트이는 아기는 두 단어로 말할 수도 있는데 주로 조사를 빼고 말하게 됩니다.(예 : "까까를 주세요" → "까까 주세요") 하지만 아직 두 단어로 말하지 못해도 간단한 문장을 이해하고 양육자가 요청하는 간단한 심부름을 할 수 있다면 너무 걱정하지 말고 기다리면 됩니다.

4 "뭐 줄까?"라고 말했을 때 "이것"이라고 답하는 것은 '이것'의 의미를 알기 때문입니다. 빠르면 18개월경에 '이것'의 의미를 알고, 필요할 때 말할 수 있지만 대부분 24개월쯤 되어가면서 '이것'이라는 말의 의미를 알고 말하게 됩니다. 어린이집에서 "누가 먹을래?"라고 물었을 때 옆에 친구들이 "나! 나!"라고 답하는 것을 듣는 경험이 쌓이면 '나'의 의미를 알고 말할 수 있습니다.
18개월 이전에는 "뭐 줄까?"라고 물은 후에 "사과? 바나나?"라고 물으면서 선택지를 주었다면 18개월이 되면서부터는 "이것 줄까? 저것 줄까?"라는 대명사로 말하면서 아기가 '이것'과 '저것'의 의미를 이해할 수 있게 도와주세요.

5 "엄마, 우유 주세요"를 "엄마, 우유"라고 표현하게 됩니다. 아기가 완성된 문장을 말하지 못하면 양육자가 완성된 문장을 아기에게 말해주면 됩니다. 언어이해력에 지연이 없다면 말이 트이지 않는 것은 아직 걱정하지 않아도 됩니다.

6 이 시기 아기는 의문문과 일반문의 문법적인 차이를 인지합니다. 말이 트인 아기의 경우 "이거 뭐야?", "먹어?", "우유?" 등의 말을 억양을 올려서 말할 수 있습니다. 두 단어를 말할 수 있는데 "우유 줘"를 "우유 줘?"라고 말한다면 의문문과 일반문의 차이를 이해하지 못하는 것일 수 있습니다. 양육자가 의문문은 어미의 억양을 올리고, 일반문은 억양을 내려서 말해주면 됩니다.

7 먼저 아기가 '내 것, 네 것'의 의미를 이해해야 말로 표현할 수 있습니다. '이건 엄마 것, 이건 아빠 것, 이건 내 것, 이건 네 것'이라는 표현을 천천히 정확한 발음으로 일상에서 쓰기 시작하면 됩니다. 어린이집에서 말이 빨리 트인 아기들이 하는 말을 들을 때 자연스럽게 상황에 맞게 표현할 수 있는 기회를 얻게 됩니다.

8 아기와 눈을 맞춘 상태에서 간단한 문장의 심부름을 시켰을 때 행할 수 있는지 살펴봅니다. 이때 습관적으로 얼굴이나 손이 움직여지지 않도록 노력해야 합니다. 말은 가능하면 천천히 또박또박하도록 노력하고 꼭 아기와 눈을 맞추고 이야기해야 한다. 만일 아기가 양육자의 눈을 피한다면 말하는 것을 멈추세요. 아기가 양육자의 말에 집중할 때 간단한 심부름을 시키는 것이 좋습니다.

24~26개월 검사 문항

1	그림책 속에 등장하는 사물의 이름을 말한다. (예: 신발을 가리키며 "이게 뭐지?" 하고 물으면 "신발"이라고 말한다)	③ ② ① ◎
2	정확하지는 않아도 두 단어로 된 문장을 따라 말한다. (예 : "까까 주세요", "이게 뭐야?"와 같이 말하면 아이가 따라 말한다)	③ ② ① ◎
3	'나', '이것', '저것' 같은 대명사를 사용한다.	③ ② ① ◎
4	다른 의미를 가진 두 개의 단어를 붙여 말한다.(예 : 엄마 우유, 장난감 줘, 과자 먹어)	③ ② ① ◎

5	단어의 끝 억양을 높임으로써 질문의 형태로 말한다.	③ ② ① ◎
6	자기 물건에 대해 '내 것'이란 표현을 한다.	③ ② ① ◎
7	손으로 가리키거나 동작으로 힌트를 주지 않아도, "식탁 위에 컵을 놓으세요"라고 말하면 아이가 바르게 수행한다.	③ ② ① ◎
8	'안에', '위에', '밑에', '뒤에' 중에서 두 가지 이상의 뜻을 이해한다.	③ ② ① ◎

| 검사 가이드 |

1 생후 8~9개월경부터 주변 사물의 이름을 알려줘야 생후 18개월경부터 단어로 말하기를 시작할 수 있습니다. 이 시기에는 자기가 알고 있는 사물명만 말할 수 있습니다. 그림 속의 물건이 신발이란 것을 아는데도 말을 안 하면 양육자 입장에서는 매우 답답하기 때문에 "신발, 신발" 하며 말하기를 강요하게 됩니다. 이럴 경우 아이는 정서적으로 위축될 수 있으므로 그림 속의 신발을 보고 현관의 신발을 쳐다보는 등의 다른 방식으로 소통해야 합니다.

2 생후 18~21개월경에 말이 빨리 트이는 아이는 두 단어로 말할 수도 있는데 주로 조사를 빼고 말하게 됩니다.(예 : "까까를 주세요" → "까까 주세요") 하지만 아직 두 단어로 말하지 못해도 간단한 문장을 이해하고 양육자가 요청하는 간단한 심부름을 할 수 있다면 너무

걱정하지 말고 기다리면 됩니다.

3 "뭐 줄까?"라고 말했을 때 "이것"이라고 답하는 것은 '이것'의 의미를 알기 때문입니다. 빠르면 18개월경에 '이것'의 의미를 알고, 필요할 때 말할 수 있지만 대부분 24개월쯤 되어가면서 '이것'이라는 말의 의미를 알고 말하게 됩니다. 어린이집에서 "누가 먹을래?"라고 물었을 때 옆에 친구들이 "나! 나!"라고 답하는 것을 듣는 경험이 쌓이면 '나'의 의미를 알고 말할 수 있습니다.
18개월 이전에는 "뭐 줄까?"라고 물은 후에 "사과? 바나나?"라고 물으면서 선택지를 주었다면 18개월이 되면서부터는 "이것 줄까? 저것 줄까?"라는 대명사로 말하면서 아이가 '이것'과 '저것'의 의미를 이해할 수 있게 도와주세요.

4 "엄마, 우유 주세요"를 "엄마, 우유"라고 표현하게 됩니다. 아이가 완성된 문장을 말하지 못하면 양육자가 완성된 문장을 아이에게 말해주면 됩니다.

5 이 시기 아이는 의문문과 일반문의 문법적인 차이를 인지합니다. 말이 트인 아이의 경우 "이거 뭐야?", "먹어?", "우유?" 등의 말을 억양을 올려서 말할 수 있습니다. 두 단어를 말할 수 있는데 "우유 줘"를 "우유 줘?"라고 말한다면 의문문과 일반문의 차이를 이해하지 못하는 것일 수 있습니다. 양육자가 의문문은 어미의 억양을 올리고, 일반문은 억양을 내려서 말해주면 됩니다.

6 먼저 '내 것, 네 것'의 의미를 이해해야 말로 표현할 수 있습니다. '이건 엄마 것', '이건 아빠 것', '이건 내 것', '이건 네 것'이라는 표현을 천천히 정확한 발음으로 일상에서 쓰기 시작하면 됩니다. 어린이집에서 말이 빨리 트인 아이들이 하는 말을 들을 때 자연스럽게 상황에 맞게 표현할 수 있는 기회를 얻게 됩니다.

7 아이와 눈을 맞춘 상태에서 간단한 문장의 심부름을 시켰을 때 행할 수 있는지 살펴봅니다. 이때 습관적으로 얼굴이나 손이 움직여지지 않도록 노력해야 합니다. 말은 가능하면 천천히 또박또박하도록 노력하고 꼭 아이와 눈을 맞추고 이야기해야 한다. 만일 아이가 양육자의 눈을 피한다면 말하는 것을 멈추세요. 아이가 양육자의 말에 집중할 때 간단한 심부름을 시키는 것이 좋습니다.

8 "박스 안에 넣으세요", "의자 위에 놓으세요", "의자 밑에 놓으세요", "텔레비전 뒤에 있어요" 등의 위치부사의 의미를 아이가 아는지 확인해 보세요. 양육자의 얼굴의 움직임이나 손짓을 더하지 말고 아이의 눈만 보면서 말할 때 이해하는지 살펴보아야 합니다.

1	다른 의미를 가진 세 단어를 연결하여 문장을 말한다.(예 : 아가 코 자, 집에 빨리 와, 우유 마시고 싶어)	③ ② ① ⓪
2	단어의 끝 억양을 높임으로써 질문의 형태로 말한다.	③ ② ① ⓪
3	자기 물건에 대해 '내 것'이란 표현을 한다.	③ ② ① ⓪
4	손으로 가리키거나 동작으로 힌트를 주지 않아도, "식탁 위에 컵을 놓으세요"라고 말하면 아이가 바르게 수행한다.	③ ② ① ⓪
5	'안에', '위에', '밑에', '뒤에' 중에서 두 가지 이상의 뜻을 이해한다.	③ ② ① ⓪
6	그림책을 볼 때 그림에서 일어나는 상황이나 행동을 말한다.(예 : 아이에게 "멍멍이가 뭘 하고 있지요?"라고 물으면 "잔다", "먹는다", "운다" 등 책에 나와 있는 상황을 말한다.)	③ ② ① ⓪
7	"이름이 뭐예요?" 하고 물으면 성과 이름을 모두 말한다.	③ ② ① ⓪
8	간단한 대화를 주고받는다.	③ ② ① ⓪

| 검사 가이드 |

1 평상시 일상생활 중에 양육자나 어린이집에서 자주 듣던 말을 세 단어를 연결해서 말하는지 살펴보세요. 여러 문장을 이야기하지 못해도 한 문장만 말할 수 있어도 괜찮습니다.

2 이 시기 아이는 의문문과 일반문의 문법적인 차이를 인지합니다. 말이 트인 아이의 경우 "이거 뭐야?", "먹어?", "우유?" 등의 말을 억양을 올려서 말할 수 있습니다. 두 단어를 말할 수 있는데 "우유 줘"를 "우유 줘?"라고 말한다면 의문문과 일반문의 차이를 이해하지 못하는 것일 수 있습니다. 양육자가 의문문은 어미의 억양을 올리고, 일반문은 억양을 내려서

말해주면 됩니다.

3 먼저 '내 것, 네 것'의 의미를 이해해야 말로 표현할 수 있습니다. '이건 엄마 것', '이건 아빠 것', '이건 내 것', '이건 네 것'이라는 표현을 천천히 정확한 발음으로 일상에서 쓰기 시작하면 됩니다. 어린이집에서 말이 빨리 트인 아이들이 하는 말을 들을 때 자연스럽게 상황에 맞게 표현할 수 있는 기회를 얻게 됩니다.

4 아이와 눈을 맞춘 상태에서 간단한 문장의 심부름을 시켰을 때 행할 수 있는지 살펴봅니다. 이때 습관적으로 얼굴이나 손이 움직여지지 않도록 노력해야 합니다. 말은 가능하면 천천히 또박또박하도록 노력하고 꼭 아이와 눈을 맞추고 이야기해야 한다. 만일 아이가 양육자의 눈을 피한다면 말하는 것을 멈추세요. 아이가 양육자의 말에 집중할 때 간단한 심부름을 시키는 것이 좋습니다.

5 "박스 안에 넣으세요", "의자 위에 놓으세요", "의자 밑에 놓으세요", "텔레비전 뒤에 있어요" 등의 위치부사의 의미를 아이가 아는지 확인해 보세요. 양육자의 얼굴의 움직임이나 손짓을 더하지 말고 아이의 눈만 보면서 말할 때 이해하는지 살펴보아야 합니다.

6 아이가 아직 말이 트이지 않았을 경우에는 '잔다', '먹는다', '운다'를 얼굴 표정이나 손짓, 몸짓으로 이야기할 수 있습니다. 아직 말은 트이지 않았으나 말의 뜻은 이해하는 것이므로 너무 걱정하지 않아도 됩니다.

7 어린이집을 다니면서 다른 친구들이 자신의 이름을 말하는 것을 듣게 되면 이름을 말할 동기를 부여받게 됩니다. 아직 말이 트이지 않은 경우에는 대답을 피할 수도 있습니다. 말이 트이지 않은 경우에는 아이에게 반복해서 물어보는 실수를 하지 말아야 합니다. "○○이 어디 있지?"라고 물었을 때, 자기 이름을 부르는 것으로 이해하고 있다면 말이 안 트여도 너무 걱정하지 마세요.

8 의문문과 일반문의 차이를 이해하므로 대화가 가능해집니다. 말이 트이지 않았다면 문장으로 답하게 질문하지 말고 "네", "아니오"로 답할 수 있게 질문해 줘야 합니다. "뭐 먹을래?"가 아니고 "우유 먹을래?", "주스 먹을래?"라고 물어서 '네', '아니오'로만 답할 수 있게 해주어야 합니다. 아직 말이 트이지 않은 아이에게 짜증 섞인 목소리로 "말로 좀 해봐!"라고 다그치지 않도록 조심하세요.

30~32개월 검사 문항

1	손으로 가리키거나 동작으로 힌트를 주지 않아도, "식탁 위에 컵을 놓으세요"라고 말하면 아이가 바르게 수행한다.	③ ② ① ⓪
2	'안에', '위에', '밑에', '뒤에' 중에서 두 가지 이상의 뜻을 이해한다.	③ ② ① ⓪
3	그림책을 볼 때 그림에서 일어나는 상황이나 행동을 말한다.(예 : 아이에게 "멍멍이가 뭘 하고 있지요?"라고 물으면 "잔다", "먹는다", "운다" 등 책에 나와 있는 상황을 말한다.)	③ ② ① ⓪
4	"이름이 뭐예요?"하고 물으면 성과 이름을 모두 말한다.	③ ② ① ⓪
5	'~했어요'와 같이 과거형으로 말한다.	③ ② ① ⓪
6	간단한 대화를 주고받는다.	③ ② ① ⓪
7	'예쁘다' 또는 '무섭다'의 뜻을 안다.	③ ② ① ⓪
8	'할아버지', '할머니' '오빠(형)', '누나(언니)', '동생'과 같은 호칭을 정확하게 사용한다.	③ ② ① ⓪

| 검사 가이드 |

1 아이와 눈을 맞춘 상태에서 간단한 문장의 심부름을 시켰을 때 행할 수 있는지 살펴봅니다. 이때 습관적으로 얼굴이나 손이 움직여지지 않도록 노력해야 합니다. 말은 가능하면 천천히 또박또박하도록 노력하고 꼭 아이와 눈을 맞추고 이야기해야 한다. 만일 아이가 부모의 눈을 피한다면 말하는 것을 멈추세요. 아이가 양육자의 말에 집중할 때 간단한 심부름을 시키는 것이 좋습니다.

2 "박스 안에 넣으세요", "의자 위에 놓으세요", "의자 밑에 놓으세요", "텔레비전 뒤에 있어요" 등의 위치부사의 의미를 아이가 아는지 확인해 보세요. 양육자의 얼굴의 움직임이나

손짓을 더하지 말고 아이의 눈만 보면서 말할 때 이해하는지 살펴보아야 합니다.

3 아이가 아직 말이 트이지 않았을 경우에는 '잔다', '먹는다', '운다'를 얼굴 표정이나 손짓, 몸짓으로 이야기할 수 있습니다. 아직 말은 트이지 않았으나 말의 뜻은 이해하는 것이므로 너무 걱정하지 않아도 됩니다.

4 어린이집을 다니면서 다른 친구들이 자신의 이름을 말하는 것을 듣게 되면 이름을 말할 동기를 부여받게 됩니다. 아직 말이 트이지 않은 경우에는 대답을 피할 수도 있습니다. 말이 트이지 않은 경우에는 아이에게 반복해서 물어보는 실수를 하지 말아야 합니다. "○○이 어디 있지?" 라고 물었을 때, 자기 이름을 부르는 것으로 이해하고 있다면 말이 안 트여도 너무 걱정하지 마세요.

5 아이가 말이 트여서 문장으로 말을 잘할 수 있을 때 과거형으로 말할 수 있습니다. 아직 말이 트이지 않았다면 "어제 우리 할머니 집에 갔었지?"라고 물었을 때 말을 이해하고 맞게 답을 하는지 확인해 보시기 바랍니다.

6 의문문과 일반문의 차이를 이해하므로 대화가 가능해집니다. 말이 트이지 않았다면 문장으로 답하게 질문하지 말고 "네", "아니오"로 답할 수 있게 질문해 줘야 합니다. "뭐 먹을래?"가 아니고 "우유 먹을래?", "주스 먹을래?"라고 물어서 '네', '아니오'로만 답할 수 있게 해주어야 합니다.

7 동화책을 읽어주면서 '예쁘다', '무섭다'라는 이야기를 해준 후에 다른 동화책에 나오는 동물이나 사람 캐릭터를 가리키면서 평범한 말투로 '예쁘다', '무섭다'라고 말을 했을 때 이해하는지 살펴봅니다. 예쁜 동물에게 '무섭다'라고 말했을 때 아이가 의아한 표정을 짓는지 혹은 무서운 동물을 보고 '예쁘다'라고 말했을 때 의아한 표정을 짓는지 확인해 보아도 됩니다.

8 대가족이 아닌 경우에는 아이가 호칭을 이해하는 데 시간이 오래 걸립니다. 그런 경우 가족 그림책을 통해 호칭을 학습시키거나 다른 가족들의 모습을 관찰하면서 이해하도록 도와줍니다. 나이 차이가 있는 아이들이 다니는 어린이집을 다니거나 교회, 절, 성당처럼 많은 사람들을 만날 수 있는 곳을 다니는 경우에 더 쉽게 호칭을 익힐 수 있습니다.

33~35개월 검사 문항

1	그림책을 볼 때 그림에서 일어나는 상황이나 행동을 말한다.(예 : 아이에게 "멍멍이가 뭘 하고 있지요?"라고 물으면 "잔다", "먹는다", "운다" 등 책에 나와 있는 상황을 말한다.)	③ ② ① ◎
2	"이름이 뭐예요?"하고 물으면 성과 이름을 모두 말한다.	③ ② ① ◎
3	다른 의미를 가진 네 단어 이상을 연결하여 문장으로 말한다.(예 : "장난감 사러 가게에 가요")	③ ② ① ◎
4	'~했어요'와 같이 과거형으로 말한다.	③ ② ① ◎
5	간단한 대화를 주고 받는다.	③ ② ① ◎
6	'예쁘다' 또는 '무섭다'의 뜻을 안다.	③ ② ① ◎
7	'할아버지' '할머니' '오빠(형)', '누나(언니)', '동생'과 같은 호칭을 정확하게 사용한다.	③ ② ① ◎
8	같은 분류에 속한 것을 적어도 세 가지 이상 말한다.(예 : 동물을 말하도록 시키면 강아지, 고양이, 코끼리와 같이 말한다.)	③ ② ① ◎

| 검사 가이드 |

1 아이가 아직 말이 트이지 않았을 경우에는 '잔다', '먹는다', '운다'를 얼굴 표정이나 손짓. 몸짓으로 이야기할 수 있습니다. 아직 말은 트이지 않았으나 말의 뜻은 이해하는 것이므로 너무 걱정하지 않아도 됩니다.

2 어린이집을 다니면서 다른 친구들이 자신의 이름을 말하는 것을 듣게 되면 이름을 말할 동기를 부여받게 됩니다. 아직 말이 트이지 않은 경우에는 대답을 피할 수도 있습니다. 말이 트이지 않은 경우에는 아이에게 반복해서 물어보는 실수를 하지 말아야 합니다. "○○이 어디 있지?" 라고 물었을 때, 자기 이름을 부르는 것으로 이해하고 있다면 말이 안 트여도 너무 걱정하지 마세요.

3 아이와 산책을 하거나 드라이브를 해서 새로운 곳에 가게 될 때는 주변에서 일어나는 일들에 대해서 문장으로 설명해주는 것이 좋습니다. 아직 말이 트이지 않아도, 네 단어로 말을 하지 못해도, 네 단어로 된 말을 이해한다면 크게 걱정하지 않아도 됩니다.

4 아이가 말이 트여서 문장으로 말을 잘 할 수 있을 때 과거형으로 말할 수 있습니다. 아직 말이 트이지 않았다면 "어제 우리 할머니 집에 갔었지?"라고 물었을 때 말을 이해하고 맞게 답을 하는지 확인해 보시기 바랍니다.

5 의문문과 일반문의 차이를 이해하므로 대화가 가능해집니다. 말이 트이지 않았다면 문장으로 답하게 질문하지 말고 "네", "아니오"로 답할 수 있게 질문해 줘야 합니다. "뭐 먹을래?"가 아니고 "우유 먹을래?", "주스 먹을래?"라고 물어서 '네', '아니오'로만 답할 수 있게 해주어야 합니다.

6 동화책을 읽어주면서 '예쁘다', '무섭다'라는 이야기를 해준 후에 다른 동화책에 나오는 동물이나 사람 캐릭터를 가리키면서 평범한 말투로 '예쁘다', '무섭다'라고 말을 했을 때 이해하는지 살펴봅니다. 예쁜 동물에게 '무섭다'라고 말했을 때 아이가 의아한 표정을 짓는지 혹은 무서운 동물을 보고 '예쁘다'라고 말했을 때 의아한 표정을 짓는지 확인해 보아도 됩니다.

7 대가족이 아닌 경우에는 아이가 호칭을 이해하는 데 시간이 오래 걸립니다. 그런 경우 가족 그림책을 통해 호칭을 학습시키거나 다른 가족들의 모습을 관찰하면서 이해하도록 도와줍니다. 나이 차이가 있는 아이들이 다니는 어린이집을 다니거나 교회, 절, 성당처럼 많은 사람들을 만날 수 있는 곳을 다니는 경우에 더 쉽게 호칭을 익힐 수 있습니다.

8 평상시 마트에 데리고 다니면서 "채소 사러 가자. 홍당무, 양파, 토마토는 채소야!", "과일 사러 가자. 여기 있는 사과, 배, 포도, 딸기는 과일이야!"라고 이야기해 주세요. "동물 그림책 보자. 고양이, 강아지, 코끼리는 모두 동물이네!" 이렇게 이야기를 해준 후에 "마트에 가면 채소가 무엇무엇이 있을까?"라고 묻거나 "동물원에 가면 어떤 동물들이 있을까?"라고 물어서 확인해 보세요.

36~41개월 검사 문항

1	"이름이 뭐예요?"하고 물으면 성과 이름을 모두 말한다.	③ ② ① ◎	5	완전한 문장으로 이야기한 다.(예 : 멍멍이가 까까를 먹었어)	③ ② ① ◎
2	다른 의미를 가진 네 단어 이상을 연결하여 문장으로 말한 다.(예 : "장난감 사러 가게에 가요")	③ ② ① ◎	6	'-은', '-는', '-이', '-가'와 같은 조사를 적절히 사용하여 문장을 완성한다.(예 : 고양이는 '야옹' 하고 울어요, 친구가 좋아요)	③ ② ① ◎
3	'~했어요'와 같이 과거형으로 말한다.	③ ② ① ◎	7	같은 분류에 속한 것을 적어도 세 가지 이상 말한다. (예 : 동물 을 말하도록 시키면 강아지, 고양이, 코끼리와 같이 말한다)	③ ② ① ◎
4	간단한 대화를 주고 받는다.	③ ② ① ◎	8	'~할 거예요', '~하고 싶어요'와 같이 미래에 일어날 일을 상황에 맞게 표현한다.	③ ② ① ◎

| **검사 가이드** |

1 어린이집을 다니면서 다른 친구들이 자신의 이름을 말하는 것을 듣게 되면 이름을 말할 동기를 부여받게 됩니다. 아직 말이 트이지 않은 경우에는 대답을 피할 수도 있습니다. 말이 트이지 않은 경우에는 아이에게 반복해서 물어보는 실수를 하지 말아야 합니다. "○○이 어디 있지?" 라고 물었을 때, 자기 이름을 부르는 것으로 이해하고 있다면 말이 안 트여도 너무 걱정하지 마세요.

2 아이와 산책을 하거나 드라이브를 해서 새로운 곳에 가게 될 때는 주변에서 일어나는 일 들에 대해서 문장으로 설명해주는 것이 좋습니다. 아직 말이 트이지 않아도, 네 단어로 말 을 하지 못해도, 네 단어로 된 말을 이해한다면 크게 걱정하지 않아도 됩니다.

3 아이가 말이 트여서 문장으로 말을 잘 할 수 있을 때 과거형으로 말할 수 있습니다. 아직 말

이 트이지 않았다면 "어제 우리 할머니 집에 갔었지?"라고 물었을 때 말을 이해하고 맞게 답을 하는지 확인해 보시기 바랍니다.

4 의문문과 일반문의 차이를 이해하므로 대화가 가능해집니다. 말이 트이지 않았다면 문장으로 답하게 질문하지 말고 "네", "아니오"로 답할 수 있게 질문해 줘야 합니다. "뭐 먹을래?"가 아니고 "우유 먹을래?", "주스 먹을래?"라고 물어서 '네', '아니오'로만 답할 수 있게 해주어야 합니다.

5 전혀 말을 하지 않던 아이가 갑자기 완전한 문장을 말할 수도 있습니다. 말이 늦게 트여도 아이는 항상 속으로 발음 연습을 하고 있습니다. 스스로 입술의 움직임이 준비되었다 생각되면 그제야 문장으로 말을 하게 됩니다.
아직 완전한 문장으로 말을 하지 못해도 동화책의 스토리를 읽어줄 때 잘 기억한다면 크게 걱정하지 마세요. 대신 평상시에 아이에게 완전한 문장으로 천천히 또박또박 말을 해주세요.

6 "엄마는 밥을 먹어요", "아빠가 옷을 입고 있어요", "나는 엄마가 좋아요" 등의 말을 할 수 있는지 살펴보세요. 아직 조사를 넣어서 말을 하지 못해도 말의 의미를 이해한다면 걱정하지 않아도 됩니다.

7 평상시 마트에 데리고 다니면서 "채소 사러 가자. 홍당무, 양파, 토마토는 채소야!", "과일 사러 가자. 여기 있는 사과, 배, 포도, 딸기는 과일이야!"라고 이야기해 주세요. "동물 그림책 보자. 고양이, 강아지, 코끼리는 모두 동물이네!" 이렇게 이야기를 해준 후에 "마트에 가면 채소가 무엇무엇이 있을까?"라고 묻거나 "동물원에 가면 어떤 동물들이 있을까?"라고 물어서 확인해 보세요.

8 평상시 가족이 미래형으로 하는 말을 아이가 자주 들어야 미래형으로 말하기가 쉬워집니다. "내일은 어린이집에 갈 거예요", "두 밤 자면 할머니 집에 갈 거예요" 등으로 말해주세요. 밤에 "지금 어린이집에 갈 거예요"라는 말에 놀라거나 당황하고 "내일 어린이집에 갈 거예요"라는 말에 차분히 동의하는지를 통해서 확인해 보아도 됩니다.

42~47개월 검사 문항

1	완전한 문장으로 이야기한다.(예 : 멍멍이가 까까를 먹었어)	③ ② ① ◎	5	그날 있었던 일을 이야기한다.	③ ② ① ◎
2	'-은', '-는', '-이', '-가'와 같은 조사를 적절히 사용하여 문장을 완성한다.(예 : 고양이는 '야옹' 하고 울어요, 친구가 좋아요)	③ ② ① ◎	6	친숙한 단어의 반대말을 말한다.(예 : 덥다, 춥다 / 크다, 작다)	③ ② ① ◎
3	같은 분류에 속한 것을 적어도 세 가지 이상 말한다. (예 : 동물을 말하도록 시키면 강아지, 고양이, 코끼리와 같이 말한다)	③ ② ① ◎	7	간단한 농담이나 빗대어 하는 말의 뜻을 알아차린다.	③ ② ① ◎
4	'~할 거예요', '~하고 싶어요'와 같이 미래에 일어날 일을 상황에 맞게 표현한다.	③ ② ① ◎	8	단어의 뜻을 물어보면 설명한다. (예 : "신발이 뭐야?"라는 질문에 "밖에 나갈 때 신는거요."와 같은 대답을 할 수 있다)	③ ② ① ◎

| 검사 가이드 |

1 전혀 말을 하지 않던 아이가 갑자기 완전한 문장을 말할 수도 있습니다. 말이 늦게 트여도 아이는 항상 속으로 발음 연습을 하고 있습니다. 스스로 입술의 움직임이 준비되었다 생각되면 그제야 문장으로 말을 하게 됩니다.

아직 완전한 문장으로 말을 하지 못해도 동화책의 스토리를 읽어줄 때 잘 기억한다면 크게 걱정하지 마세요. 대신 평상시에 아이에게 완전한 문장으로 천천히 또박또박 말을 해주세요.

2 "엄마는 밥을 먹어요", "아빠가 옷을 입고 있어요", "나는 엄마가 좋아요" 등의 말을 할 수 있는지 살펴보세요. 아직 조사를 넣어서 말을 하지 못해도 말의 의미를 이해한다면 걱정하지 않아도 됩니다.

3 평상시 마트에 데리고 다니면서 "채소 사러 가자. 홍당무, 양파, 토마토는 채소야!", "과일

사러 가자. 여기 있는 사과, 배, 포도, 딸기는 과일이야!"라고 이야기해 주세요. "동물 그림책 보자. 고양이, 강아지, 코끼리는 모두 동물이네!" 이렇게 이야기를 해준 후에 "마트에 가면 채소가 무엇무엇이 있을까?"라고 묻거나 "동물원에 가면 어떤 동물들이 있을까?"라고 물어서 확인해 보세요.

4 평상시 가족이 미래형으로 하는 말을 아이가 자주 들어야 미래형으로 말하기가 쉬워집니다. "내일은 어린이집에 갈 거예요", "두 밤 자면 할머니 집에 갈 거예요" 등으로 말해주세요. 밤에 "지금 어린이집에 갈 거예요"라는 말에 놀라거나 당황하고 "내일 어린이집에 갈 거예요"라는 말에 차분히 동의하는지를 통해서 확인해 보아도 됩니다.

5 대부분의 아이가 어린이집에서 있었던 일이나 항상 일어나는 평범한 일상에 대해서는 잘 이야기하지 않으려고 합니다. 특별한 장소에 가서 재미있게 논 후에 아이와 대화하면서 오늘 있었던 일을 이야기하는지 확인해 보세요. 아직 오늘 있었던 일에 대해서 잘 이야기하지 못해도 걱정하지는 마세요. 아이가 말하지 않는 경우에 양육자가 천천히 이야기해 주면 됩니다. 사진을 찍었다면 사진을 보면서 이야기하면 아이의 흥미와 집중력을 더 높일 수 있습니다.

6 '크다, 작다'는 생후 24개월 전후에는 이해할 수 있어야 합니다. 더운 날씨와 추운 날씨의 그림을 보면서 '덥다, 춥다'를 알려주시고 다른 그림을 보여주며 확인해 보기 바랍니다. 말이 트이지 않았다면 "추워하는 사람은 어디 있을까? 더워하는 사람은 어디 있을까?"라고 물어서 언어이해력을 점검해 보시기 바랍니다.

7 어린이집이나 유치원에서 들었던 농담이나 가족들이 평상시 하는 농담의 의미를 이해하는지 확인해 보세요. 가능하면 가정에서 비아냥거리는 농담이나 상대의 약점을 놀리는 이야기는 하지 않도록 주의해 주세요. "아기 곰 같아요" 혹은 " 다람쥐 같아요"라는 표현을 써 주기 바랍니다.

8 "신발이 뭐지?"라고 물었을 때 어떻게 답변하는지 확인해보세요.
"신는 거", "밖에 나갈 때 신는 거", "밖에 나갈 때 발에 신는 거", "발 다치지 않게 밖에 나갈 때 발에 신는 거" 등 얼마나 긴 문장으로 표현할 수 있는지 확인해 보세요. '신는 것' 혹은 '발'처럼 짧게 말하는 경우에는 양육자가 다시 길게 이야기해 주면 됩니다. 타고난 특성으로 길게 이야기하는 것을 즐기는 아이도 있고 짧게 답변하게 되는 아이도 있습니다. 아이의 타고난 특성도 존중해 주어야 합니다. 커가면서 사회화가 되어 가면 상대방에게 좀 더 정확하게 알려주기 위해서 긴 문장으로 표현할 수 있게 됩니다.

48~53개월 검사 문항

1	'-은', '-는', '-이', '-가'와 같은 조사를 적절히 사용하여 문장을 완성한다.(예 : 고양이는 '야옹' 하고 울어요, 친구가 좋아요)	③ ② ① ⓪	5	친숙한 단어의 반대말을 말한다.(예 : 덥다, 춥다 / 크다, 작다)	③ ② ① ⓪
2	같은 분류에 속한 것을 적어도 세 가지 이상 말한다. (예 : 동물을 말하도록 시키면 강아지, 고양이, 코끼리와 같이 말한다)	③ ② ① ⓪	6	간단한 농담이나 빗대어 하는 말의 뜻을 알아차린다.	③ ② ① ⓪
3	'~할 거예요', '~하고 싶어요'와 같이 미래에 일어날 일을 상황에 맞게 표현한다.	③ ② ① ⓪	7	단어의 뜻을 물어보면 설명한다. (예 : "신발이 뭐야?"라는 질문에 "밖에 나갈 때 신는거 요."와 같은 대답을 할 수 있다)	③ ② ① ⓪
4	그날 있었던 일을 이야기한다.	③ ② ① ⓪	8	가족 이외의 사람도 이해할 수 있을 정도로 모든 단어의 발음이 정확하다.	③ ② ① ⓪

| 검사 가이드 |

1 "엄마는 밥을 먹어요", " 아빠가 옷을 입고 있어요", "나는 엄마가 좋아요" 등의 말을 할 수 있는지 살펴보세요. 아직 조사를 넣어서 말을 하지 못해도 말의 의미를 이해한다면 걱정하지 않아도 됩니다.

2 평상시 마트에 데리고 다니면서 "채소 사러 가자. 홍당무, 양파, 토마토는 채소야!", "과일 사러 가자. 여기 있는 사과, 배, 포도, 딸기는 과일이야!"라고 이야기해 주세요. "동물 그림 책 보자. 고양이, 강아지, 코끼리는 모두 동물이네!" 이렇게 이야기를 해준 후에 "마트에 가면 채소가 무엇무엇이 있을까?"라고 묻거나 "동물원에 가면 어떤 동물들이 있을까?"라고 물어서 확인해 보세요.

3 평상시 가족이 미래형으로 하는 말을 아이가 자주 들어야 미래형으로 말하기가 쉬워집니

다. "내일은 어린이집에 갈 거예요", "두 밤 자면 할머니 집에 갈 거예요" 등으로 말해주세요. 밤에 "지금 어린이집에 갈 거예요"라는 말에 놀라거나 당황하고 "내일 어린이집에 갈 거예요"라는 말에 차분히 동의하는지를 통해서 확인해 보아도 됩니다.

4 대부분의 아이가 어린이집에서 있었던 일이나 항상 일어나는 평범한 일상에 대해서는 잘 이야기하지 않으려고 합니다. 특별한 장소에 가서 재미있게 논 후에 아이와 대화하면서 오늘 있었던 일을 이야기하는지 확인해 보세요. 아직 오늘 있었던 일에 대해서 잘 이야기하지 못해도 걱정하지는 마세요. 아이가 말하지 않는 경우에 양육자가 천천히 이야기해 주면 됩니다. 사진을 찍었다면 사진을 보면서 이야기하면 아이의 흥미와 집중력을 더 높일 수 있습니다.

5 '크다, 작다'는 생후 24개월 전후에는 이해할 수 있어야 합니다. 더운 날씨와 추운 날씨의 그림을 보면서 '덥다, 춥다'를 알려주시고 다른 그림을 보여주며 확인해 보기 바랍니다. 말이 트이지 않았다면 "추워하는 사람은 어디 있을까? 더워하는 사람은 어디 있을까?"라고 물어서 언어이해력을 점검해 보시기 바랍니다.

6 어린이집이나 유치원에서 들었던 농담이나 가족들이 평상시 하는 농담의 의미를 이해하는지 확인해 보세요. 가능하면 가정에서 비아냥거리는 농담이나 상대의 약점을 놀리는 이야기는 하지 않도록 주의해 주세요. "아기 곰 같아요" 혹은 "다람쥐 같아요"라는 표현을 써주기 바랍니다.

7 "신발이 뭐지?"라고 물었을 때 어떻게 답변하는지 확인해보세요.
   "신는 거", "밖에 나갈 때 신는 거", "밖에 나갈 때 발에 신는 거", "발 다치지 않게 밖에 나갈 때 발에 신는 거" 등 얼마나 긴 문장으로 표현할 수 있는지 확인해 보세요. '신는 것' 혹은 '발'처럼 짧게 말하는 경우에는 양육자가 다시 길게 이야기해 주면 됩니다. 타고난 특성으로 길게 이야기하는 것을 즐기는 아이도 있고 짧게 답변하게 되는 아이도 있습니다. 아이의 타고난 특성도 존중해 주어야 합니다. 커가면서 사회화가 되어 가면 상대방에게 좀 더 정확하게 알려주기 위해서 긴 문장으로 표현할 수 있게 됩니다.

8 만일 문장으로 말이 트였는데 발음이 정확하지 않아서 말로 하는 소통에 어려움이 많다면 언어재활치료의 도움을 받아도 좋습니다. 발음이 정확하지 않아도 언어이해력에 지연이 없다면 발음교정을 위한 언어재활치료의 도움만 받으면 됩니다.

54~59개월 검사 문항

1	그날 있었던 일을 이야기한다.	③ ② ① ⓪	5	"만약 ~라면 무슨 일이 일어날까?"와 같이 가상의 상황에 대한 질문에 대답한다.(예 : 동생이 있으면 어떨까?)	③ ② ① ⓪
2	친숙한 단어의 반대말을 말한다.(예 : 덥다, 춥다 / 크다, 작다)	③ ② ① ⓪	6	이름이나 쉬운 단어 2~3개를 보고 읽는다.	③ ② ① ⓪
3	간단한 농담이나 빗대어 하는 말의 뜻을 알아차린다.	③ ② ① ⓪	7	가족 이외의 사람도 이해할 수 있을 정도로 모든 단어의 발음이 정확하다.	③ ② ① ⓪
4	단어의 뜻을 물어보면 설명한다. (예 : "신발이 뭐야?"라는 질문에 "밖에 나갈 때 신는거요."와 같은 대답을 할 수 있다)	③ ② ① ⓪	8	자기 이름이나 2~4개의 글자로 된 단어를 보지 않고 쓸 수 있다. (예 : 동생, 신호등, 대한민국)	③ ② ① ⓪

| 검사 가이드 |

1 대부분의 아이가 어린이집에서 있었던 일이나 항상 일어나는 평범한 일상에 대해서는 잘 이야기하지 않으려고 합니다. 특별한 장소에 가서 재미있게 논 후에 아이와 대화하면서 오늘 있었던 일을 이야기하는지 확인해 보세요. 아직 오늘 있었던 일에 대해서 잘 이야기하지 못해도 걱정하지는 마세요. 아이가 말하지 않는 경우에 양육자가 천천히 이야기해 주면 됩니다. 사진을 찍었다면 사진을 보면서 이야기하면 아이의 흥미와 집중력을 더 높일 수 있습니다.

2 '크다, 작다'는 생후 24개월 전후에는 이해할 수 있어야 합니다. 더운 날씨와 추운 날씨의 그림을 보면서 '덥다, 춥다'를 알려주시고 다른 그림을 보여주며 확인해 보기 바랍니다. 말이 트이지 않았다면 "추워하는 사람은 어디 있을까? 더워하는 사람은 어디 있을까?"라고 물어서 언어이해력을 점검해 보시기 바랍니다.

3   어린이집이나 유치원에서 들었던 농담이나 가족들이 평상시 하는 농담의 의미를 이해하는지 확인해 보세요. 가능하면 가정에서 비아냥거리는 농담이나 상대의 약점을 놀리는 이야기는 하지 않도록 주의해 주세요. "아기 곰 같아요" 혹은 "다람쥐 같아요"라는 표현을 써주기 바랍니다.

4   "신발이 뭐지?"라고 물었을 때 어떻게 답변하는지 확인해보세요.
    "신는 거", "밖에 나갈 때 신는 거", "밖에 나갈 때 발에 신는 거", "발 다치지 않게 밖에 나갈 때 발에 신는 거" 등 얼마나 긴 문장으로 표현할 수 있는지 확인해 보세요. '신는 것' 혹은 '발'처럼 짧게 말하는 경우에는 양육자가 다시 길게 이야기해 주면 됩니다. 타고난 특성으로 길게 이야기하는 것을 즐기는 아이도 있고 짧게 답변하게 되는 아이도 있습니다. 아이의 타고난 특성도 존중해 주어야 합니다. 커가면서 사회화가 되어 가면 상대방에게 좀 더 정확하게 알려주기 위해서 긴 문장으로 표현할 수 있게 됩니다.

5   만일 아이가 문장으로 말이 트였다면 길게 자신의 의견을 이야기할 수 있습니다. 말이 트였어도 아이의 기질이 내향적이거나 답변하기 곤란한 질문이라면 짧게 답변하거나 고개를 돌리면서 "몰라"라고 말하면서 답변을 피할 수도 있습니다. 아이가 '만약~'으로 시작되는 질문의 의미를 이해했다면 걱정하지 않아도 됩니다.

6   아이는 36개월부터 그림으로 인식해서 이름이나 숫자를 읽을 수 있습니다. 36개월경부터 자신의 이름이나 숫자를 읽도록 알려준 경우에는 이 시기가 되면 자연스럽게 읽게 됩니다. 만일 이름이나 숫자 읽기를 알려주지 않았다면 지금부터 알려주기 시작하고 2주 뒤에 읽을 수 있는지 확인해 보세요.

7   만일 문장으로 말이 트였는데 발음이 정확하지 않아서 말로 하는 소통에 어려움이 많다면 언어재활치료의 도움을 받아도 좋습니다. 발음이 정확하지 않아도 언어이해력에 지연이 없다면 발음교정을 위한 언어재활치료의 도움만 받으면 됩니다.

8   만일 이름을 쓰기 어렵다면 읽을 수 있는지를 확인해 보세요. 이름을 읽을 수는 있는데 손조작이 미숙하다면 인지발달의 문제가 아니고 운동성의 문제이므로 아이의 손을 잡고 이름을 그림 그리듯이 쓰는 놀이를 해주면 됩니다. 손놀림의 운동성이 늦되는 경우에 필력이 약하고 글씨를 정확하게 쓰기가 어렵습니다. 억지로 이름 쓰기를 연습시키기보다는 생후 60개월까지 천천히 기다려주면 됩니다.

60~65개월 검사 문항

1	친숙한 단어의 반대말을 말한 다.(예 : 덥다, 춥다 / 크다, 작다)	③ ② ① ⓪
2	간단한 농담이나 빗대어 하는 말의 뜻을 알아차린다.	③ ② ① ⓪
3	단어의 뜻을 물어보면 설명한 다. (예 : "신발이 뭐야?"라는 질문에 "밖에 나갈 때 신는거 요."와 같은 대답을 할 수 있다)	③ ② ① ⓪
4	"만약 ~라면 무슨 일이 일어날 까?"와 같이 가상의 상황에 대한 질문에 대답한다.(예 : 동생이 있으면 어떨까?)	③ ② ① ⓪
5	이름이나 쉬운 단어 2~3개를 보고 읽는다.	③ ② ① ⓪
6	가족 이외의 사람도 이해할 수 있을 정도로 모든 단어의 발음 이 정확하다.	③ ② ① ⓪
7	끝말잇기를 한다.	③ ② ① ⓪
8	자기 이름이나 2~4개의 글자로 된 단어를 보지 않고 쓸 수 있다. (예 : 동생, 신호등, 대한민국)	③ ② ① ⓪

| 검사 가이드 |

1 '크다, 작다'는 생후 24개월 전후에는 이해할 수 있어야 합니다. 더운 날씨와 추운 날씨의 그림을 보면서 '덥다, 춥다'를 알려주시고 다른 그림을 보여주며 확인해 보기 바랍니다. 말 이 트이지 않았다면 "추워하는 사람은 어디 있을까? 더워하는 사람은 어디 있을까?"라고 물어서 언어이해력을 점검해 보시기 바랍니다.

2 어린이집이나 유치원에서 들었던 농담이나 가족들이 평상시 하는 농담의 의미를 이해하 는지 확인해 보세요. 가능하면 가정에서 비아냥거리는 농담이나 상대의 약점을 놀리는 이 야기는 하지 않도록 주의해 주세요. "아기 곰 같아요" 혹은 "다람쥐 같아요"라는 표현을 써 주기 바랍니다.

3   "신발이 뭐지?"라고 물었을 때 어떻게 답변하는지 확인해보세요.

"신는 거", "밖에 나갈 때 신는 거", "밖에 나갈 때 발에 신는 거", "발 다치지 않게 밖에 나갈 때 발에 신는 거" 등 얼마나 긴 문장으로 표현할 수 있는지 확인해 보세요. '신는 것' 혹은 '발'처럼 짧게 말하는 경우에는 양육자가 다시 길게 이야기해 주면 됩니다. 타고난 특성으로 길게 이야기하는 것을 즐기는 아이도 있고 짧게 답변하게 되는 아이도 있습니다. 아이의 타고난 특성도 존중해 주어야 합니다. 커가면서 사회화가 되어 가면 상대방에게 좀 더 정확하게 알려주기 위해서 긴 문장으로 표현할 수 있게 됩니다.

4   만일 아이가 문장으로 말이 트였다면 길게 자신의 의견을 이야기할 수 있습니다. 말이 트였어도 아이의 기질이 내향적이거나 답변하기 곤란한 질문이라면 짧게 답변하거나 고개를 돌리면서 "몰라"라고 말하면서 답변을 피할 수도 있습니다. 아이가 '만약~'으로 시작되는 질문의 의미를 이해했다면 걱정하지 않아도 됩니다.

5   아이는 36개월부터 그림으로 인식해서 이름이나 숫자를 읽을 수 있습니다. 36개월경부터 자신의 이름이나 숫자를 읽도록 알려준 경우에는 이 시기가 되면 자연스럽게 읽게 됩니다. 만일 이름이나 숫자 읽기를 알려주지 않았다면 지금부터 알려주기 시작하고 2주 뒤에 읽을 수 있는지 확인해 보세요. .

6   만일 문장으로 말이 트였는데 발음이 정확하지 않아서 말로 하는 소통에 어려움이 많다면 언어재활치료의 도움을 받아도 좋습니다. 발음이 정확하지 않아도 언어이해력에 지연이 없다면 발음교정을 위한 언어재활치료의 도움만 받으면 됩니다.

7   아이가 말이 트인 경우에는 끝말잇기를 할 수 있습니다. 지금부터 끝말잇기 놀이를 해주시는 것이 좋습니다. 가능하면 여러 명이 같이 했을 때 아이의 흥미와 집중력을 높일 수 있습니다. 단어가 빨리 떠오르지 않는 아이인 경우에는 또래 아이들보다는 어른들이 같이 해주시는 것이 좋습니다.

8   만일 이름을 쓰기 어렵다면 읽을 수 있는지를 확인해 보세요. 이름을 읽을 수는 있는데 손조작이 미숙하다면 인지발달의 문제가 아니고 운동성의 문제이므로 아이의 손을 잡고 이름을 그림 그리듯이 쓰는 놀이를 해주면 됩니다. 손놀림의 운동성이 늦되는 경우에 필력이 약하고 글씨를 정확하게 쓰기가 어렵습니다. 억지로 이름 쓰기를 연습시키기보다는 생후 60개월까지 천천히 기다려주면 됩니다.

66~71개월 검사 문항

1	친숙한 단어의 반대말을 말한다.(예 : 덥다, 춥다 / 크다, 작다)	③ ② ① ⓪	5	끝말잇기를 한다.	③ ② ① ⓪
2	간단한 농담이나 빗대어 하는 말의 뜻을 알아차린다.	③ ② ① ⓪	6	자기 이름이나 2~4개의 글자로 된 단어를 보지 않고 쓸 수 있다. (예 : 동생, 신호등, 대한민국)	③ ② ① ⓪
3	단어의 뜻을 물어보면 설명한다. (예 : "신발이 뭐야?"라는 질문에 "밖에 나갈 때 신는거요."와 같은 대답을 할 수 있다)	③ ② ① ⓪	7	간단한 농담을 말한다.	③ ② ① ⓪
4	"만약 ~라면 무슨 일이 일어날까?"와 같이 가상의 상황에 대한 질문에 대답한다.(예 : 동생이 있으면 어떨까?)	③ ② ① ⓪	8	간단한 속담을 이해하고 사용한다. (예 : 누워서 떡먹기와 같은 속담을 적절하게 사용한다)	③ ② ① ⓪

| 검사 가이드 |

1   '크다, 작다'는 생후 24개월 전후에는 이해할 수 있어야 합니다. 더운 날씨와 추운 날씨의 그림을 보면서 '덥다, 춥다'를 알려주시고 다른 그림을 보여주며 확인해 보기 바랍니다. 말이 트이지 않았다면 "추워하는 사람은 어디 있을까? 더워하는 사람은 어디 있을까?"라고 물어서 언어이해력을 점검해 보시기 바랍니다.

2   어린이집이나 유치원에서 들었던 농담이나 가족들이 평상시 하는 농담의 의미를 이해하는지 확인해 보세요. 가능하면 가정에서 비아냥거리는 농담이나 상대의 약점을 놀리는 이야기는 하지 않도록 주의해 주세요. "아기 곰 같아요" 혹은 "다람쥐 같아요"라는 표현을 써주기 바랍니다.

3   "신발이 뭐지?"라고 물었을 때 어떻게 답변하는지 확인해보세요.

"신는 거", "밖에 나갈 때 신는 거", "밖에 나갈 때 발에 신는 거", "발 다치지 않게 밖에 나갈 때 발에 신는 거" 등 얼마나 긴 문장으로 표현할 수 있는지 확인해 보세요. '신는 것' 혹은 '발'처럼 짧게 말하는 경우에는 양육자가 다시 길게 이야기해 주면 됩니다. 타고난 특성으로 길게 이야기하는 것을 즐기는 아이도 있고 짧게 답변하게 되는 아이도 있습니다. 아이의 타고난 특성도 존중해 주어야 합니다. 커가면서 사회화가 되어 가면 상대방에게 좀 더 정확하게 알려주기 위해서 긴 문장으로 표현할 수 있게 됩니다.

4 만일 아이가 문장으로 말이 트였다면 길게 자신의 의견을 이야기할 수 있습니다. 말이 트였어도 아이의 기질이 내향적이거나 답변하기 곤란한 질문이라면 짧게 답변하거나 고개를 돌리면서 "몰라"라고 말하면서 답변을 피할 수도 있습니다. 아이가 '만약~'으로 시작되는 질문의 의미를 이해했다면 걱정하지 않아도 됩니다.

5 아이가 말이 트인 경우에는 끝말잇기를 할 수 있습니다. 지금부터 끝말잇기 놀이를 해주시는 것이 좋습니다. 가능하면 여러 명이 같이 했을 때 아이의 흥미와 집중력을 높일 수 있습니다. 단어가 빨리 떠오르지 않는 아이인 경우에는 또래 아이들보다는 어른들이 같이 해주시는 것이 좋습니다.

6 만일 이름을 쓰기 어렵다면 읽을 수 있는지를 확인해 보세요. 이름을 읽을 수는 있는데 손조작이 미숙하다면 인지발달의 문제가 아니고 운동성의 문제이므로 아이의 손을 잡고 이름을 그림 그리듯이 쓰는 놀이를 해주면 됩니다. 손놀림의 운동성이 늦되는 경우에 필력이 약하고 글씨를 정확하게 쓰기가 어렵습니다. 억지로 이름 쓰기를 연습시키기보다는 생후 60개월까지 천천히 기다려주면 됩니다.

7 평상시 아이가 농담을 주고받는 환경을 접했어야 간단한 농담이 가능합니다. 만일 가족력이 농담을 전혀 하지 않는 특성이 있다면 아이도 농담을 하기는 어렵습니다. 농담을 즐기지 않는 부모가 갑자기 아이를 위해서 농담을 하기도 어렵습니다. 농담을 잘하는 어른들과 만나는 기회가 주기적으로 주어지면 도움이 됩니다.

8 어린이집이나 유치원 생활 이외에 다양한 또래 아이들과 어른들을 만나서 간단한 속담을 들을 기회를 자주 만들어주는 일이 필요합니다. 아이의 타고난 기질적 특성 때문에 들은 속담을 잘 응용할 수도 있고, 전혀 응용하지 못할 수도 있습니다. 이 평가 항목이 생후 60개월에 아이의 언어표현력 수준을 결정짓는 중요한 요인은 아니니 너무 걱정하지 마세요.

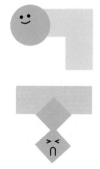

우리 아기 언어발달

2025년 4월 15일 개정 3판 1쇄 펴냄

지은이	김수연
펴낸이	김경섭
펴낸곳	도서출판 삼인
전화	(02) 322-1845
팩스	(02) 322-1846
이메일	saminbooks@naver.com
등록	1996년 9월 16일 제25100-2012-000045호
주소	(03716) 서울시 서대문구 성산로 312 북산빌딩 1층

일러스트	김은선
디자인	Studio O-H-!
제작	수이북스

ISBN 978-89-6436-278-5 (13590)